中央高校基本科研业务费专项资金项目成果：
不对称有机催化反应机理研究（31920150017）

化学实验技能及软件应用

Origin
ChemOffice
Design-Expert
Excel

李贵花　编著

兰州大学出版社
LANZHOU UNIVERSITY PRESS

图书在版编目(CIP)数据

化学实验技能及软件应用 / 李贵花编著. —兰州：
兰州大学出版社,2014.9
ISBN 978-7-311-04576-0

Ⅰ.①化… Ⅱ.①李… Ⅲ.①化学实验—应用软件
Ⅳ.①06-3

中国版本图书馆 CIP 数据核字(2014)第 227831 号

策划编辑　田小梅
责任编辑　郝可伟
封面设计　张馨月

书　　名　化学实验技能及软件应用
作　　者　李贵花　编著
出版发行　兰州大学出版社　（地址:兰州市天水南路 222 号　730000）
电　　话　0931-8912613(总编办公室)　0931-8617156(营销中心)
　　　　　0931-8914298(读者服务部)
网　　址　http://www.onbook.com.cn
电子信箱　press@lzu.edu.cn
印　　刷　兰州德辉印刷有限责任公司
开　　本　710 mm×1020 mm　1/16
印　　张　13.5
字　　数　254 千
版　　次　2015 年 5 月第 1 版
印　　次　2015 年 5 月第 1 次印刷
书　　号　ISBN 978-7-311-04576-0
定　　价　26.00 元

前　言

随着我国社会和经济的发展，对化学人才特别是高端化学人才的培养提出了新的要求，更加注重学生创新能力的培养。在校大学生毕业前需完成一定的创新学分，各高校也设立了各种针对学生的创新项目，这就要求学生具有较强的实验、设计及数据处理的能力，而大部分学生对实验研究中新的仪器设备及常用化学软件不会使用，导致实验数据不准确，工艺条件优化设计及数据处理困难。在此背景下我们编写了《化学实验技能及软件应用》，供学生进行创新实验、开放实验、毕业论文实验设计及数据处理时参考，同时可供化学相关专业工作者在实际工作中参考使用。

本书系统地介绍了化学实验基础知识、实验技能、常用化学软件的应用。实验基础知识包括实验室安全须知、数据记录、加热、制冷及干燥技术小型机电设备及实验装置等内容；实验技能着重介绍了化学工作者在学习和科研中常用的基本技能及新仪器设备的应用，提供了22个实验技能项目，内容涉及无机化学实验、分析化学实验、有机化学实验及仪器分析实验；常用化学软件的应用系统介绍了目前较新版本的 ChemOffice 13.0、Design-Expert v8.0.6.1、Origin 9.0 及 Excel 2013 在化学中的应用；附录部分包括常用酸碱溶液的浓度、常用标准缓冲溶液 pH 值与温度对照表、常用基准物质的干燥条件及应用、缓冲溶液的配制方法及常用化学网站等，为本书使用者提供了更多的实用知识。

　　本书以规范的技能操作与化学实验设计及数据处理为核心，通俗易懂，深入浅出，具有科学性、创新性、实用性，可供材料、化工、药学、环境、农学、食品等专业的科技人员在实际工作中参考使用。

　　本书编写过程中得到西北民族大学化工学院领导和有关教师的关心和支持，在此一并表示衷心的感谢。

　　限于业务水平和教学经验，书中难免有许多缺点和不足，甚至疏漏之处，敬请读者提出宝贵意见。

编　者

2014年2月

目　录

第1章 化学实验基础知识

1.1 实验室安全知识和实验室工作要求

在化学实验室中，经常与毒性强、有腐蚀性、易燃烧和具有爆炸性的化学药品直接接触，常使用易碎的玻璃和瓷质的器皿，以及在水、电等高温电热设备的环境下进行着紧张而细致的工作，因此，必须十分重视安全工作。

1.1.1 实验室安全常识

1.进入实验室开始工作前，应了解水阀门及电闸所在处。离开实验室时，一定要将室内检查一遍，将水、电的开关关好，门窗锁好。

2.使用电器设备（如烘箱、恒温水浴、电加热套、电炉等）时，严防触电；绝不可用湿手或在眼睛旁视时开关电闸和电器开关。水、电一旦使用完毕，就应立即关闭。

3.严禁在实验室内饮食、吸烟或把餐具带进实验室。实验完毕，必须洗净双手。

4.绝对不允许随意混合各种化学药品，以免发生意外事故。

5.使用浓酸、浓碱时，必须极为小心地操作，防止溅出。用吸量管量取这些试剂时，必须使用橡皮球，绝对不能用口吸取。若不慎将浓酸或浓碱洒在实验台或地面，必须及时用湿抹布擦洗干净。如果触及皮肤，应立即治疗。稀释浓硫酸时，应将浓硫酸慢慢注入水中，并不断搅拌，切勿将水倒入浓硫酸中，以免液体溅出伤人。

6.使用可燃物，特别是易燃物（丙酮、乙醚、乙醇、苯、金属钠等）时，应特别小心。不要大量放在桌上，更不应放在靠近火焰处。只有远离火源时，或将火焰熄灭后，才可大量倾倒这类液体。低沸点的有机溶剂不准在火焰上直接加热，只能在水浴上利用回流冷凝管加热或蒸馏。

7.易燃和易爆炸物质的残渣（如金属钠、白磷、火柴头）不得倒入污桶或水槽中，应收集在指定的容器内。

8.如果不慎洒出了相当量的易燃液体，则应按如下方法处理：

（1）立即关闭室内所有的火源和电加热器。

（2）关门，开启小窗及窗户。

（3）用毛巾或抹布擦拭洒出的液体，并将液体拧到大的容器中，然后再倒入带塞的玻璃瓶中。

9.将玻璃棒、玻璃管、温度计插入或拔出胶塞或胶管时，应垫有垫布，且不可强行插入或拔出。切割玻璃管、玻璃棒，装配或拆卸玻璃仪器装置时，要防止造成刺伤。

10.用油浴操作时，应小心加热，不断用金属温度计测量，不要使温度超过油的燃烧温度。

11.不要俯向容器去嗅放出的气体。开启易挥发的试剂（如浓盐酸、浓硝酸、高氯酸、氨水等）瓶时，应在通风的地方进行，开启时瓶口不要对准人。夏天取用浓氨水时，应先将试剂瓶放在自来水中冷却数分钟后再开启。

12.钾、钠和白磷等暴露在空气中易燃烧，因此，钾、钠保存在煤油中，白磷则保存在水中，取用它们时要用镊子。一些有机溶剂极易引燃，使用时必须远离明火，用毕立即盖紧瓶塞。

13.配制的药品有毒或反应能产生有毒或有腐蚀性气体的药品（如 HCN、NO、CO、H_2S、HF 等）时，均应在通风橱内进行。使用汞盐、砷化物、氰化物等剧毒药品时，要特别小心，并采取必要的防护措施。氰化物不能接触酸，否则产生剧毒的气体。实验残余的毒物应采取适当的方法加以处理，切勿随意丢弃或倒入水槽。

1.1.2 化学实验的基本规则

为使实验有条不紊、安全地进行，必须遵循以下规则：

1.熟悉实验室安全规则，学会正确使用水、电、通风橱、灭火器等，了解实验事故的一般处理方法。了解所用药品的危害性及安全操作方法，按操作规程，小心使用有关实验仪器和设备，若有问题应立即停止使用。

2.实验时，要遵守实验纪律，严格按照实验中所规定的实验步骤、试剂规格及用量来进行，认真操作，仔细观察，积极思考，如实记录。

3.实验药品使用前，应仔细阅读药品标签，按需取用，避免浪费；取完药品后要迅速盖上瓶塞，避免搞错瓶塞，污染药品。不要任意更换实验室常用仪器（如天平、干燥器、折光仪等）和常用药品的摆放位置。

4.整个实验操作过程中要思想集中，避免大声喧哗，严禁在实验室吃东西。

5.实验中要保持实验室和桌面整洁，废纸、火柴梗、废液、金属屑等应分别放入指定的废物收集器中，切勿倒入水槽，以免腐蚀或堵塞下水道。

6.爱护公共财物，小心使用仪器和实验设备，注意节约水电，使用精密仪器时，需谨慎细致，如发现仪器有故障，应立即停止使用，及时报告指导教师。

7.实验完毕，检查实验室水、电、门窗是否安全关闭。

8.发生意外事故时应保持镇静，不要惊慌失措。遇有烧伤、烫伤、割伤时应及时报告教师以便进行相应的急救和治疗。

1.1.3 实验室灭火法

实验中一旦发生了火灾，切不可惊慌失措，应保持镇静。灭火的方法要针对起因选用合适的方法和灭火设备（见表1-1）。首先立即切断室内一切火源和电源，然后根据具体情况积极正确地进行抢救和灭火。

表1-1 常用的灭火器及其使用范围

灭火器类型		使用温度范围(℃)	药液成分	适用范围
酸碱灭火器		+4～+55	硫酸、碳酸氢钠	非油类、非电器的一般火灾
干粉灭火器	储气瓶式	−10～+55	$NaHCO_3$等盐类、润滑剂、防潮剂	石油及其制品、可燃气体、可燃液体、可燃固体、电器设备、精密仪器和遇水易燃烧药品的初期火灾
	储压式	−20～+55		
泡沫灭火器		+4～+55	$NaHCO_3$、$Al_2(SO_4)_3$	油类起火
二氧化碳灭火器		−10～+55	液态CO_2	电器、小范围油类、忌水的化学品起火
1211灭火器		−20～+55	CF_2ClBr	扑救易燃、可燃液体、气体、带电设备的初期火灾,更适用于油类、有机溶剂、精密仪器、高压电器设备、珍贵文献等的初期火险

常用的方法有：

1.在可燃液体燃着时，应立刻拿开着火区域内的一切可燃物质，关闭通风器，防止扩大燃烧。若着火面积较小，可用石棉布、湿布、铁片或沙土覆盖，隔绝空气使之熄灭。但覆盖时要轻，避免碰坏或打翻盛有易燃溶剂的玻璃器皿，导致更多的溶剂流出而再着火。

2.酒精及其他可溶于水的液体着火时，可用水灭火。少量酒精着火，可用湿抹布、湿拖把盖灭。

3.汽油、乙醚、甲苯等有机溶剂着火时，应用石棉布或土扑灭。绝对不能用水，否则反而会扩大燃烧面积。

4.金属钠着火时，可把砂子倒在它的上面。

5.导线着火时不能用水及二氧化碳灭火器，应切断电源，用四氯化碳灭火器灭火。

6.衣服被烧着时切勿惊慌乱跑，应赶快脱下衣服，或用石棉布覆盖着火处。发生火灾时注意保护现场，较大的着火事故应立即报警。

1.1.4 实验室急救

在实验过程中不慎发生受伤事故，应立即采取适当的急救措施。

1.受玻璃割伤及其他机械损伤：首先必须检查伤口内有无玻璃或金属等碎片，然后用硼酸水洗净，再涂擦碘酒或红汞水，必要时用纱布包扎，若伤口较大或过深而大量出血，应迅速在伤口上部和下部扎紧血管止血，并立即到医院诊治。

2.烫伤：不要用冷水洗涤伤处。一般用浓的酒精（90%～95%）消毒后，涂上苦味酸软膏。如果伤处红痛或红肿（一级灼伤），可擦医用橄榄油或用棉花沾酒精敷盖伤处；若皮肤起泡（二级灼伤），不要弄破水泡，防止感染；若伤处皮肤呈棕色或黑色（三级灼伤），应用干燥而无菌的消毒纱布轻轻包扎好，急送医院治疗。

3.强碱（如氢氧化钠、氢氧化钾）、钠、钾等触及皮肤而引起灼伤时，要先用大量自来水冲洗，再用5%硼酸溶液或2%乙酸溶液涂洗。

4.强酸、溴等触及皮肤而致灼伤时，应立即用大量自来水冲洗，再以5%碳酸氢钠溶液或5%氢氧化钴溶液洗涤。

5.酚触及皮肤引起灼伤，可用酒精洗涤。

6.吸入刺激性气体：吸入氯气、氯化氢气体，可吸入少量酒精和乙醚的混合蒸气解毒；吸入硫化氢或一氧化碳气体，应立即到室外呼吸新鲜空气。注意：氯、溴中毒，不可进行人工呼吸；一氧化碳中毒不可使用兴奋剂。严重时应立即到医院诊治。

7.水银容易由呼吸道进入人体，也可以经皮肤直接吸收而引起积累性中毒。严重中毒的征象是口中有金属味，呼出的气体也有气味；流唾液、打哈欠时疼痛，牙床及嘴唇上有硫化汞的黑色；淋巴结及唾腺肿大。若不慎中毒，应送医院急救。急性中毒时，通常用炭粉或呕吐剂彻底洗胃，或者食入蛋白（如1升牛奶加三个鸡蛋清）或蓖麻油解毒并使之呕吐。

8.触电时使触电者与电源立即脱离可按下述方法之一：

（1）立即拉下电闸；

（2）用绝缘性良好的工具切断电线或将触电者从电源上拨开，救护时救护者必须穿上绝缘鞋、戴绝缘手套。

1.2　实验数据的记录

在化学实验中，为了得到准确的测量结果，不仅要准确地测量各种数据，而且还要正确地记录和计算。实验结果不仅表示试样中待测组分的含量多少，而且还反映测量结果的准确程度。因此，及时地记录实验数据和实验现象、正确认真地写出实验报告，是化学实验中很重要的一项任务，也是化学工作者应具备的基本能力。为此，应注意以下问题：

1.使用专门的实验记录本，其篇、页都应编号，不得撕去任何一页。严禁将数据记录在小纸片上或随意记录在其他地方。

2.实验数据的记录必须做到及时、准确、清楚，坚持实事求是的科学态度，严禁随意拼凑和伪造数据。

3.实验记录上的每一个数据都是测量的结果，应检查记录的数据与测量结果是否完全相同。

4.记录数据时，一切数据的准确度都应做到与分析的准确度相适应（即注意有效数字的位数）。

5.记录内容力求简明，能用列表法记录的则尽可能采用列表法记录。当数据记录有误时，应将数据用一横线划去，并在其上方写上正确的数字。

1.3　化学实验中的数据表达与处理

在测量实验中，取同一试样进行多次重复测量，测量结果常常不会完全一样，这说明测量误差是普遍存在的。人们在进行各项测量工作时，既要掌握各种测量方法，又要对测量结果进行评价，分析测量结果的准确性、误差的大小及其产生的原因，以求不断提高测量结果的准确性。

1.3.1　误差与偏差

1. 准确度与误差

准确度是指测量值与真实值之间相差的程度，用误差表示。误差越小，表明测量结果的准确度越高；反之，准确度就越低。误差可以表示为绝对误差和相对误差：

$$绝对误差（E）=测量值（x）-真实值（x_T）$$

$$相对误差=\frac{绝对误差}{真实值}\times100\%=\frac{x-x_T}{x_T}\times100\%$$

绝对误差只能显示出误差变化的范围，不能确切地表示测量精度。相对误差表示误差在测量结果中所占的百分率，测量结果的准确度常用相对误差表示。绝对误差可以是正值或者负值，正值表示测量值较真实值偏高，负值表示测量值较真实值偏低。

2. 精密度与偏差

精密度是指在相同条件下多次测量结果互相吻合的程度，表现了测量结果的重现性。精密度用偏差表示。偏差愈小，说明测量结果的精密度愈高。

设一组多次平行测量测得的数据为 x_1，x_2，x_3，$\cdots$，x_n，则各单次测量值与平均值 $\bar{x}$ 的绝对偏差为：

$$d_1=x_1-\bar{x}，d_2=x_2-\bar{x}，\cdots，d_n=x_n-\bar{x}$$

平均值

$$\bar{x}=\frac{x_1+x_2+\cdots+x_n}{n}=\frac{1}{n}\sum_{i=1}^{n}x_i$$

$$单次测量值的相对偏差=\frac{d_i}{\bar{x}}\times100\%$$

为了说明测量结果的精密度，可以用平均偏差表示：

$$\bar{d}=\frac{|d_1|+|d_2|+\cdots+|d_n|}{n}$$

也可以用相对平均偏差来表示：

$$相对平均偏差=\frac{\bar{d}}{\bar{x}}\times100\%$$

由以上分析可知，误差是以真实值为标准，偏差是以多次测量结果的平均值为标准。误差与偏差、准确度与精密度的含义不同，必须加以区别。但是由于在一般情况下，真实值是不知道的（测量的目的就是为了得到真实值），因此处理实际问题时常常在尽量减小系统误差的前提下，把多次平行测得结果的平均值当作真实值，把偏差作为误差。

1.3.2　误差的种类及其产生原因

1. 系统误差

系统误差是由某种固定的原因造成的。例如方法误差（由测量方法本身引起的）、仪器误差（仪器本身不够准确）、试剂误差（试剂不够纯）、操作误差（正常操作情况下，操作者本身的原因）。这些情况产生的误差在同一条件下重复测量时会重复出现。

2. 偶然误差

偶然误差是由一些难以控制的偶然因素引起的误差，如测量时的温度、大气压的微小波动，仪器性能的微小变化，操作人员对各份试样处理时的微小差别等。由于引起原因有偶然性，所以误差是可变的，有时大，有时小，有时是正值，有时是负值。

除了上述两类误差外，还有因工作疏忽、操作马虎而引起的过失误差。如试剂出错或计算错误等，均可引起很大误差，这些都应力求避免。

3. 准确度与精密度的关系

系统误差是测量中误差的主要来源，它影响测量结果的准确度，偶然误差影响测量结果的精密度。测量结果准确度高，一定要精密度好，表明每次测量结果的再现性好。若精密度很差，说明测量结果不可靠，已失去衡量准确度的前提。

有时测量结果精密度很好，说明它的偶然误差很小，但不一定准确度就高。只有在系统误差小时或相互抵消之后，才能做到精密度既好准确度又高。因此，在评价测量结果的时候，必须将系统误差和偶然误差的影响结合起来，以提高测量结果的准确度。

1.3.3　提高测量结果准确度的方法

为了提高测量结果的准确度，应尽量减小系统误差、偶然误差和过失误差。认真仔细地进行多次测量，取其平均值作为测量结果，这样可以减少偶然误差并消除过失误差。在测量过程中，提高准确度的关键是尽可能地减少系统误差。

1. 校准测量仪器和测量方法

用国家标准方法与选用的测量方法相比较，以校准所选用的测量方法。对准确度要求较高的测量，要对选用的仪器，如天平砝码、滴定管、移液管、容量瓶、温度计等进行校准，但准确度要求不高时（如允许相对误差<1%），一般不必校准仪器。

2. 空白实验

空白实验是在同样测定条件下，如用蒸馏水代替试液，用同样的方法进行实验，其目的是消除由试剂（或蒸馏水）和仪器带进杂质所造成的系统误差。

3. 对照实验

对照实验是用已知准确成分或含量的标准样品代替试样，在同样的测量条件下，用同样的方法进行测量的一种方法，其目的是判断试剂是否失效、反应条件是否控制适当、操作是否正确、仪器是否正常等。

对照实验也可以用不同的测量方法，或由不同单位不同人员对同一试样进行测量来互相对照，以说明所选方法的可靠性。

能否善于利用空白实验、对照实验，是分析问题和解决问题能力强弱的主要标志之一。

1.3.4 有效数字

1. 有效数字位数的确定

有效数字是实际能够测量到的数字。到底要采用几位有效数字，这要根据测量仪器和观察的精确程度来决定。例如，在台秤上称量某物为 1.3 g，因为台秤只能称准确到 0.1 g，所以该物的质量可表示为（1.3±0.1）g，它的有效数字是 2 位。如果将该物放在分析天平上称量，得到的结果是 1.3286 g，由于分析天平能称准确到 0.0001 g，所以该物的质量可以表示为（1.3286±0.0001）g，它的有效数字是 5 位。又如，在用最小刻度为 1 mL 的量筒测量液体体积时，测得体积为 15.6 mL，其中 15 mL 是直接由量筒的刻度读出的，而 0.6 mL 是估读的，所以该液体在量筒中的准确读数可表示为（15.6±0.1）mL，它的有效数字是 3 位。如果将该液体用最小刻度为 0.1 mL 的滴定管测量，则其体积为 15.67 mL，其中 15.6 mL 是直接从滴定管的刻度读出的，而 0.07 mL 是估读的，所以该液体的体积可以表示为（15.67±0.01）mL，它的有效数字是 4 位。

从上面的例子可以看出，有效数字与仪器的精确程度有关，其最后一位数字是估计的（可疑数字），其他的数字都是准确的。因此，在记录测量数据时，任何超过或低于仪器精确程度的有效位数的数字都是不恰当的。如果在台秤上称得某物质量为 1.2 g，不可计为 1.200 g，在分析天平称得某物质量恰为 1.2000 g，亦不可记为 1.2 g，因为前者夸大了仪器的精确度，后者缩小了仪器的精确度。常用仪器的精确度列于表 1-2。

有效数字的位数可用下面几个数值来说明：

数值	0.0068	0.0608	0.6008	68	68.0	68.00
有效数字的位数	2 位	3 位	4 位	2 位	3 位	4 位

数字1，2，3，4，5，…，9都可作为有效数字，只有"0"有些特殊。它在数字的中间或数字后面时，表示一定的数量，应当包括在有效数字的位数中。但是，如果"0"在数字的前面，它只是定位数字，用来表示小数点的位置，而不是有效数字。

表1-2　常用仪器的精确度

仪器名称	仪器的精确度	例子	有效数字
托盘天平	0.1 g	1.2 g	2位
电光分析天平	0.0001 g	1.2000 g	5位
10 mL量筒	0.1 mL	5.0 mL	2位
100 mL量筒	1 mL	53 mL	2位
滴定管	0.01 mL	25.00 mL	4位
移液管、吸量管	0.01 mL	10.00 mL	4位
容量瓶	0.01 mL	50.00 mL	4位

在记录实验数据和有关的化学计算中，要特别注意有效数字的运用，否则会使计算结果不准确。

数值的有效数字位数，仅由小数部分的位数决定。因此，在作对数运算时，对数尾数部分的有效数字位数应与相应的真数的有效数字位数相同。例如pH=7.68即 $c_{H^+}=2.1\times10^{-8}$，有效数字为2位，而不是3位。

2. 有效数字的使用规则

（1）加减运算

在进行加减运算时，所得结果的小数点后面的位数应该与各加减数中小数点后面位数最少者相同。

例如：将12.4、0.25、5.67三数相加，它们的和为：12.4 + 0.25 + 5.67=18.32。

应改为18.3。

显然，在三个相加数值中，12.4是小数点后面位数最少者，该数的精确度只到小数点后一位，即12.4±0.1，所以在其余两个数值中，小数点后的第二位数是没有意义的。显然答数中小数点后第二位数值也是没有意义的。因此应当用修约规则弃去多余的数字。

（2）乘除运算

在进行乘除运算时，所得的有效数字的位数，应与各数中最少的有效数字位数相同，而与小数点的位置无关。

例如，0.0232，18.52，1.09246三数相乘，其积为0.46939073。

所得结果的有效数字的位数应与三个数值中最少的有效数字0.0232的位数（3位）相同，故结果应改为0.469。这是因为，在数值0.0232中，0.0001是不太准确的，它和其他数值相乘时，直接影响到结果的第二位数字，显然第三位以后的数字是没有意义的。

（3）对数运算

在对数运算中，真数有效数字的位数与对数的尾数的位数相同，而与首数无关。首数是供定位用的，不是有效数字。

例如：lg15.36=1.1864是四位有效数字，不能写成lg15.36=1.186或lg15.36=1.18639。

只有在涉及直接或间接测量的物理量时才考虑有效数字，对那些不测量的数值例如 $\sqrt{3}$、$\frac{1}{3}$ 等不连续物理量以及从理论计算出的数值（如π、e等）没有可疑数字，其有效数字位数可以认为是无限的，所以取用时可以根据需要保留。其他如相对原子质量、摩尔气体常数等基本数值如需要的有效数字少于公布的数值，可以根据需要保留数值。

1.4　实验仪器

1.4.1　仪器介绍

常用的玻璃仪器有容器类、量器类和其他器皿类。容器类包括试剂瓶、烧杯、烧瓶等，根据它们能否受热又可区分为可加热的器皿和不宜加热的器皿；量器类有量筒、移液管、滴定管、容量瓶等，量器类一律不能受热；其他器皿包括具有特殊用途的玻璃器皿，如冷凝管、分液漏斗、干燥器、分馏柱、砂芯漏斗、标准磨口玻璃仪器等。瓷质类器皿包括蒸发皿、布氏漏斗、坩埚、研钵等。表1-3列出了一些仪器的用途及特点，图1-1列出了常用磨口标准玻璃仪器。

玻璃仪器，除了试管外一般都不可直接用火加热，以防炸裂；厚壁玻璃仪器如吸滤瓶受热易破裂，故不可直接对其加热；计量类容器如量筒受热会影响计量准确度，洗净后宜晾干而不宜置于高温下烘烤；具塞玻璃仪器（如滴液漏斗）不用时，应该将旋塞与磨口之间用纸片隔离开来，以免粘牢。

表1-3　仪器图例和特点

仪器	规格	用途	特点
移液管	有刻度管型和单刻度大肚型 规格:按刻度最大标度(mL)分为1、2、5、10、25等	用于精确移取一定体积的液体	未标明"吹"字的容器,不要将吸残留在尖嘴内的液体吹出,因为校正容量时未考虑这一滴液体
数字可调移液器	微量(0.1 μL)到大容量(10 mL)的移液范围	广泛用于生物、化学、临床、食品分析等实验中溶液的移取操作	1.单指操作,可调节量程 2.数字放大,清晰可视 3.可整支进行高压灭菌,无需拆分 4.校准简单,无需工具 5.广泛的移液范围
简易移液管控制器	不同颜色的移液管控制器对应不同的体积	1.可以用于刻度移液管和固定移液管的吸液和滴液 2.手动转动控制滚轮在管内形成真空,将液体吸入移液管	快速、准确、微量
离心机	可分为高速离心机和低速离心机	用于离心式层析柱等实验	自动开盖,容量大,转速高,体积小

续表1-3

仪器	规格	用途	特点
微孔滤膜过滤器 /砂芯过滤器	过滤瓶：1000 mL 或2000 mL	用于颗粒细小或胶状物过滤	1.装置包括三角抽滤瓶、砂芯过滤头或布氏漏斗、过滤杯以及固定夹等 2.利用水泵或真空泵降低吸滤瓶中压力来加速过滤
超声波清洗器	功率和容积不同	广泛应用于：机械、电子、塑胶、仪器仪表、环保、医药、化工等行业的制造及维修清洗；实验材料吸管、吸嘴及器皿的清洁，层析前的脱气处理，医疗器械、医用材料及用具的清洁	超声波清洗器除具有清洗功能外，还具有提取、乳化、加速溶解、粉碎、分散等多种功能
研钵	质地有铁、瓷、玻璃、玛瑙等；规格：以不同口径大小表示	用于研磨固体物质；按固体的性质和硬度选用不同质地的研钵	1.不能用作反应容器 2.只能研磨，不能敲击(铁研钵除外) 3.放入量不宜超过研钵容积的1/3

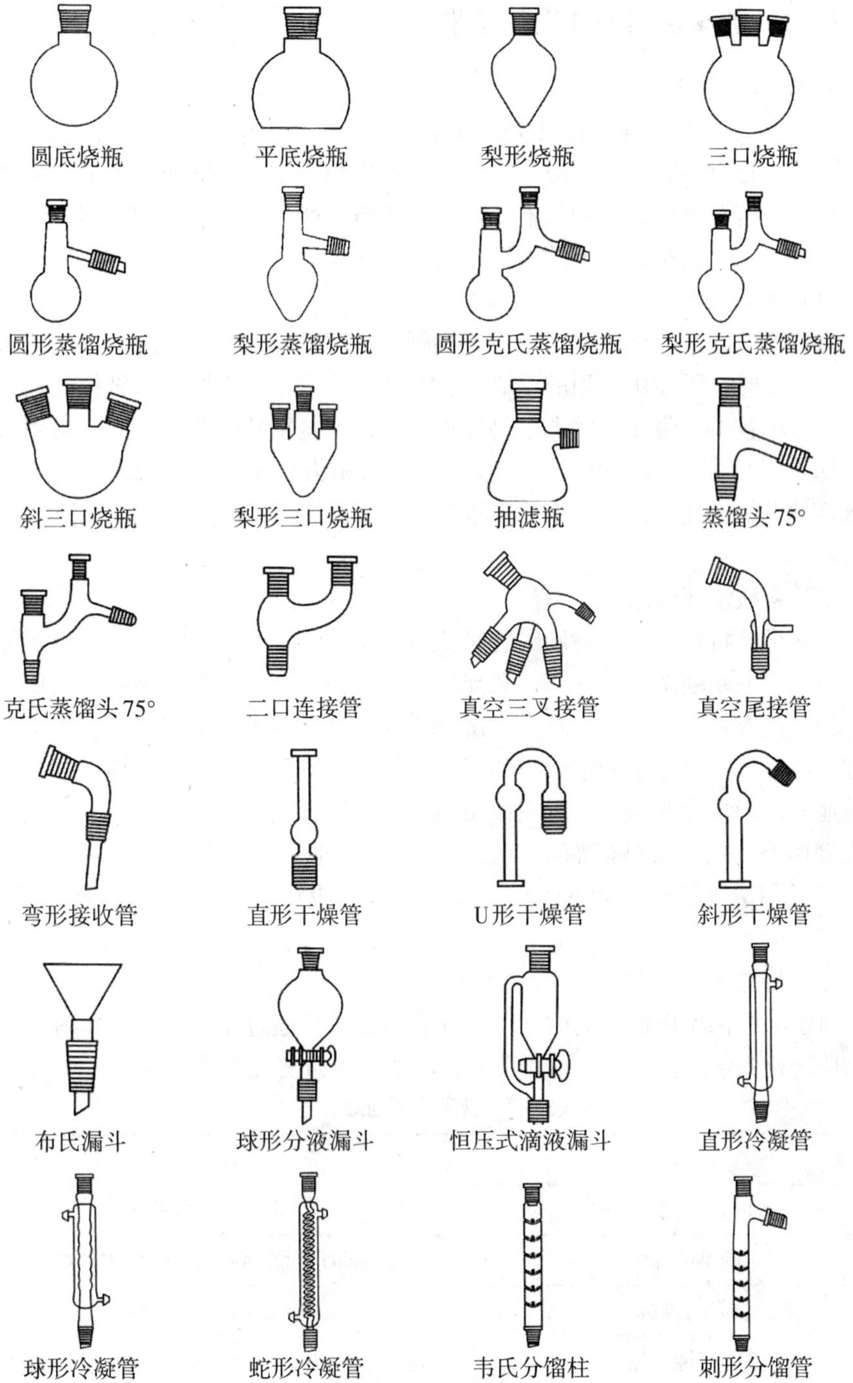

圆底烧瓶

平底烧瓶

梨形烧瓶

三口烧瓶

圆形蒸馏烧瓶

梨形蒸馏烧瓶

圆形克氏蒸馏烧瓶

梨形克氏蒸馏烧瓶

斜三口烧瓶

梨形三口烧瓶

抽滤瓶

蒸馏头75°

克氏蒸馏头75°

二口连接管

真空三叉接管

真空尾接管

弯形接收管

直形干燥管

U形干燥管

斜形干燥管

布氏漏斗

球形分液漏斗

恒压式滴液漏斗

直形冷凝管

球形冷凝管

蛇形冷凝管

韦氏分馏柱

刺形分馏管

图1-1　常用磨口标准玻璃仪器

1.4.2 玻璃仪器的洗涤与干燥

1. 玻璃仪器的洗涤

使用洁净的仪器是实验成功的重要条件，也是化学工作者应有的良好习惯。洗净的仪器在倒置时，器壁应不挂水珠，内壁应被水均匀润湿，形成一层薄而均匀的水膜。若有水珠，说明仪器未洗净，需进一步清洗。洗净的仪器，绝不能用布或纸擦干，否则布或纸上的纤维将会附着在仪器上。

（1）一般洗涤

仪器清洗的最简单的方法是用毛刷蘸上去污粉或洗衣粉擦洗，再用清水冲洗干净。洗刷时，不能用秃顶的毛刷，也不能用力过猛，否则会戳破仪器。有时去污粉的微小粒子黏附在器壁上不易洗去，可用少量稀盐酸摇洗一次，再用清水冲洗。如果对仪器的洁净程度要求较高，可再用去离子水或蒸馏水淋洗2～3次。用蒸馏水淋洗仪器时，一般用洗瓶进行喷洗，这样可节约蒸馏水和提高洗涤效果。

（2）铬酸洗液洗涤

一些形状特殊、容积精确的容量仪器，例如滴定管、移液管、容量瓶等的洗涤，不能用毛刷蘸洗涤剂洗涤，只能用铬酸洗液洗涤。焦油状物质和炭化残渣用去污粉、洗衣粉、强酸或强碱常常洗刷不掉，这时也可用铬酸洗液。使用铬酸洗液时，应尽量把仪器中的水倒净，然后缓缓倒入洗液，让洗液能够充分润湿有残渣的地方，用洗液浸泡一段时间或用热的洗液进行洗涤，效果更佳。应把多余的洗液倒回原来的铬酸洗液瓶中。然后加入少量水，摇荡后，把洗液倒入废液桶中。最后用清水把仪器冲洗干净。使用洗液时应注意安全，不要溅到皮肤和衣服上。

（3）特殊污垢的洗涤

对于某些污垢用通常的方法不能除去时，则可通过化学反应将黏附在器壁上的物质转化为水溶性物质。几种常见的污垢的处理方法见表1-4。

表1-4 常见污垢的处理方法

污垢	处理方法
沉积的金属，如银、铜	用HNO_3处理
沉积的难溶性银盐	用$Na_2S_2O_3$洗涤，Ag_2S用热、浓HNO_3处理
黏附的硫黄	用煮沸的石灰水处理
高锰酸钾污垢	用草酸溶液处理（黏附在手上也可用此法）
黏有碘迹	用KI溶液浸泡；用温热的NaOH或$Na_2S_2O_3$溶液处理

续表1-4

污垢	处理方法
瓷研钵内的污迹	用少量食盐在研钵内研磨后倒掉,然后用水洗
有机反应残留的胶状或焦油状有机物	视情况用低规格或回收的有机溶剂浸泡;或用稀NaOH或浓HNO_3煮沸处理
一般油污及有机物	用含$KMnO_4$的NaOH溶液处理
被有机试剂染色的比色皿	用体积比1:2的盐酸-酒精溶液处理

(4)超声波洗涤

在超声波清洗器中放入需要洗涤的仪器,再加入合适洗涤剂和水,接通电源,利用声波的能量和振动,就可把仪器清洗干净,既省时又方便。

(5)常用洗液的配制和使用

①铬酸洗液

铬酸洗液常用来洗涤不宜用毛刷刷洗的器皿,可洗油脂及还原性的污垢。配制方法是取研细的重铬酸钾10 g溶于20 mL水中,慢慢加入200 mL工业纯浓硫酸(将此细粉加入盛有适量水的玻璃容器内,加热,搅拌使溶解,待冷后,将此玻璃容器放在冷水浴中,缓慢将浓硫酸断续加入,不断搅拌,勿使温度过高,容器内容物颜色渐变深,并注意冷却,直至加完混匀,即得)。溶液呈暗红色,储存于玻璃瓶中备用。配制好的铬酸洗液因浓硫酸易吸水,应用磨口玻璃塞塞好备用。

②合成洗涤剂

用洗衣粉或洗洁精配成的水溶液,适合于洗涤被油脂或某些有机物污染的容器。此洗液可反复使用。

③还原性洗涤液

用于洗涤氧化性物质,如二氧化锰可用草酸的酸性溶液洗涤。

④硝酸洗涤液

比色皿有污垢可用硝酸泡洗。

2.玻璃仪器的干燥

玻璃仪器干燥的方法很多,常见的有以下几种,可根据具体情况选用。

(1)晾干法

不急等用的仪器,可在蒸馏水冲洗后在无尘处倒置控去水分,然后自然干燥。可用安有木钉的架子(如图1-2)或带有透气孔的玻璃柜放置仪器。

(2)烘干法

将干净的仪器尽量倒干水后放入电热烘箱内烘干(控温105~110 ℃,烘1小时左右），放入烘箱的仪器口朝上，或在烘箱下层放一瓷盘，接收滴下的水珠，或使用气流烘干器（见图1-3）。

图1-2　晾干架

图1-3　气流烘干器

（3）快干法

对于急于干燥的仪器或不适于放入烘箱的较大的仪器可用吹干的办法。通常用少量乙醇、丙酮（或最后再用乙醚）倒入已控去水分的仪器中摇洗，然后用电吹风机吹，开始用冷风吹1~2分钟，当大部分溶剂挥发后吹入热风至完全干燥，再用冷风吹去残余蒸气，不使其又冷凝在容器内。

玻璃仪器干燥时应注意：带有刻度的计量仪器不能使用加热的方法进行干燥，因为这会影响仪器的精度；对于厚壁瓷质仪器不能烤干，但可烘干；木塞、橡皮塞不能与玻璃仪器一同干燥，带有玻璃塞的玻璃仪器应分开干燥。

3. 磨口玻璃仪器的使用及保养

标准磨口玻璃仪器，简称标准口仪器。这类仪器属硬质玻璃仪器，比普通软质玻璃仪器更易被硬物划出伤痕和碰裂，价格也较高，使用时更应小心。

标准磨口仪器的每个部件在其磨口的上或下显著部位均具有烤印的白色标志，表明规格。常用的有10、12、14、16、19、24、29、34、40等。这些数字代表磨口大端直径的毫米整数。有时也有用两个数字表示的，如19/30，这表示磨口大端直径为19 mm，磨口长度为30 mm。

同号的内外磨口均可互相紧密相连，不同口径的仪器部件，也可以用具有相应口径的磨口接头连接组装。成套的磨口仪器是很昂贵的，使用时应注意以下几点：

（1）磨口部位要保持清洁，防止黏附固体物质，否则连接不紧密，造成漏气和损坏磨口。

（2）用后及时拆洗，各部件应分开存放，否则放置时间过长后，磨口部位极易黏结，难以拆开。

（3）常压下使用一般无需涂润滑剂，以免污染反应物或生成物；但反应中有强碱性物介入时，则应涂润滑剂，防止磨口粘连；加压操作时，磨口表面应全部涂上一层薄薄的润滑剂。

（4）磨口仪器一般不能盛放碱性试剂及热溶液，避免磨口连接处因碱腐蚀或高温而粘连。对于细口试剂瓶和滴瓶，在盛放碱性试剂时要换用橡皮塞，切忌带磨口塞直接盛放导致磨口处粘结。

（5）刷洗磨口仪器不能用去污粉擦洗，以免损坏磨口，应用脱脂棉球沾少量的乙醇等有机溶剂擦洗或用洗液浸泡后，用水冲洗干净。

（6）在拆装磨口仪器时，应注意相对的角度，不能在角度偏差时进行硬性拆装，否则极易造成破损。

（7）在烘干磨口仪器时，必须取下磨口塞以免受热不均匀而引起仪器的破裂。实验中，如发现磨口塞（活塞）打不开，应根据不同情况采用不同方法：

①自然粘结：由于长时间放置引起的粘连可将仪器在水浴中加热，然后用木棒轻轻敲击磨口塞；

②碱性物粘连：可在磨口处滴加稀盐酸或放入水中缓缓煮沸，然后用木器（手）轻轻敲打（扭动）塞子；

③油灰物粘结：可先浸泡几小时，去灰尘，再用吹风机或水浴加热，待油状物熔化后，用木棒（手）缓缓敲击（扭动）磨口塞。

1.5 加热设备

酒精灯、酒精喷灯、煤气灯、电炉、电加热套等是化学实验中常用的加热仪器。本节介绍常用的电加热设备。

1.5.1 电加热套

电加热套是玻璃纤维包裹着电热丝织成帽状的加热器（见图1-4），加热温度用调压变压器控制，最高温度可达400 ℃左右，电加热套的容积一般与烧瓶的容积相匹配，从50 mL起各种规格均有。电热套的特点是受热面积大，加热平稳。

图1-4 电加热套

1.5.2　电热恒温水浴锅

当被加热的物体要求受热均匀，温度不超过100 ℃时，可以用水浴加热。水浴锅通常用铜或铝制作，有多个重叠的圆圈，适于放置不同规格的器皿。注意不要把水浴锅烧干，也不要把水浴锅当作沙盘使用。

实验室中常用的电热恒温水浴加热仪器，有不同的规格型号和形式，有单列二孔、双列四孔、双列六孔和双列八孔等，根据功率大小与工作容积的不同有很多种类，图1-5为数显单孔恒温水浴锅。

1. 操作步骤

（1）电子恒温水浴锅应放在固定平台上，先将排水口的胶管夹紧，再将清水注入水浴锅箱体内（为缩短升温时间，亦可注入热水）。

（2）接通电源，显示OFF的红色指示灯亮。选择温度，配备电子式恒温器时，将"温度旋钮"顺时针调节到所需要的温度，此时为加热状态，绿色指示灯亮。当加热到所需温度

图1-5　数显单孔恒温水浴锅

时，红色指示灯亮，此时为恒温状态。配备数显表头时，计数器最大位为十位数，按操作↑符号为增数，按操作↓符号为减数。红绿灯随锅内温度的变化而转换。同样，绿灯是指示加热器工作，红灯为恒温。

（3）水浴恒温后，将装有待恒温物品的容器放于水浴中开始恒温。

（4）恒温时为了保证恒温的效果，可在恒温容器与箱体接触的部位用硬纸板封严，恒温容器中的恒温物品应低于水浴锅的恒温水浴面。

（5）使用完毕，取出恒温物，将温控旋钮、增减器置于最小值，关闭电源，排出箱体内的水。

2. 维护保养

（1）水箱应放在固定的平台上，仪器所接电源电压应为220 V，电源插座应采用三孔安装插座，并必须安装地线。

（2）加水之前切勿接通电源，加水不可太多，以免沸腾时水溢出锅外，注水时不可使水流入控制箱内，以防发生触电，最好用纯化水，以避免产生水垢。使用后箱内水应及时放净，并擦拭干净，保持清洁，以延长使用寿命。

（3）在使用过程中，锅内水量不可低于二分之一，不可使加热管露出水面，以免烧坏，造成漏水、漏电。

（4）电热恒温水浴锅使用时必须将三眼插座有效接地线。禁止在电热恒温水浴锅无水的状态下使用加热器，也不要把水浴锅当作沙盘使用。

1.5.3　马弗炉

马弗炉通常也叫电阻炉，是化学实验室一种通用的加热设备，加热范围在900～1700 ℃范围内，图1-6为箱式马弗炉。

图1-6　马弗炉

1. 马弗炉的分类

马弗炉依据外观形状可分为箱式炉、管式炉、坩埚炉。按加热元件、额定温度和控制器的不同分类，具体见下面：

（1）按加热元件区分有：电炉丝马弗炉、硅碳棒马弗炉、硅钼棒马弗炉。

（2）按额定温度区分一般分为：900 ℃马弗炉、1000 ℃马弗炉、1200 ℃马弗炉、1300 ℃马弗炉、1600 ℃马弗炉、1700 ℃马弗炉。

（3）按控制器区分有如下几种：指针表、普通数字显示表、PID调节控制表、程序控制表。

（4）按保温材料区分有：普通耐火砖和陶瓷纤维两种。

2. 马弗炉的安装和使用

（1）打开包装后，检查马弗炉是否完整无损，配件是否齐全。一般的马弗炉不需要特殊安装，只需平放在室内平整的地面或搁架上。控制器应避免震动，放置位置与电炉不宜太近，防止因过热而造成内部元器件不能正常工作。

（2）将热电偶插入炉膛20～50 mm，孔与热电偶之间的空隙用石棉绳填塞。连接热电偶至控制器最好用补偿导线（或用绝缘钢芯线），注意正负极，不要接反。

（3）在电源线引入处需要另外安装电源开关，以便控制总电源。为了保证安全操作，电炉与控制器必须可靠接地。

（4）在使用前，将温度表指示仪调整到零点，在使用补偿导线及冷端补偿器时，应将机械零点调整至冷端补偿器的基准温度点，不使用补偿导线时，则机械零点调至零刻度位，但所指示的温度为测量点和热电偶冷端的温差。

（5）经检查接线确认无误后，盖上控制器外壳。将温度指示仪的设定指针调整至所需要的工作温度，然后接通电源。打开电源开关，此时温度指示仪表上的绿灯即亮，继电器开始工作，电炉通电，电流表即有电流显示。随着电炉内部温度的升高，温度指示仪表指针也逐渐上升，此现象表明系统工作正常。电炉的升温、定温分别以温度指示仪的红绿灯指示，绿灯表示升温，红灯表示定温。

3. 马弗炉的维护

（1）当马弗炉第一次使用或长期停用后再次使用时，必须进行烘炉。烘炉的时间应为室温至200 ℃ 4小时、200 ℃至600 ℃ 4小时。使用时，炉温最高不得超过额定温度，以免烧毁电热元器件。禁止向炉内灌注各种液体及易熔解的金属，马弗炉最好在低于最高温度50 ℃以下工作，此时炉丝有较长的寿命。

（2）马弗炉和控制器必须在相对湿度不超过85%、没有导电尘埃、爆炸性气体或腐蚀性气体的场所工作。凡附有油脂之类的金属材料需进行加热时，有大量挥发性气体将影响和腐蚀电热元器件表面，使之损毁和缩短寿命。因此，加热时应及时预防和做好容器密封或适当开孔加以排除。

（3）马弗炉控制器应限于在环境温度0~40 ℃范围内使用。

（4）根据技术要求，定期检查电炉、控制器的各接线的连线是否良好，指示仪指针运动时有无卡住滞留现象，并用电位差计校对仪表有无因磁钢、退磁、胀丝、弹片的疲劳、平衡破坏等引起的误差增大情况。

（5）热电偶不要在高温时骤然拔出，以防外套炸裂。

（6）经常保持炉膛清洁，及时清除炉内氧化物等杂物。

1.6 小型机电设备

1.6.1 调压变压器

调压变压器是调节电源电压的一种装置，常用来调节加热电炉的温度、调整电动搅拌器的转速等。使用时应注意：

1. 电源应接到注明为输入端的接线柱上，输出端的接线柱与搅拌器或电炉等的导线连接，切勿接错。同时变压器应有良好的接地。

2. 调节旋钮时应当均匀缓慢，防止因剧烈摩擦而引起火花及炭刷接触点受损。如炭刷磨损较大应予以更换。

3. 不允许长期过载，以防止烧毁或缩短使用期限。

4. 炭刷及绕线组接触表面应保持清洁，经常用软布抹去灰尘。

5. 使用完毕应将旋钮调回零位，并切断电源，放在干燥通风处，不得靠近有腐蚀性的物体。

1.6.2 电动搅拌器

电动搅拌器（或小马达连调压变压器）在有机实验中作搅拌用。一般适用于油水等溶液或固-液反应中。不适用于过黏的胶状溶液。若超负荷使用，很易发热而烧毁。使用时必须接上地线，平时应注意保持清洁干燥，防潮防腐蚀，轴承应经常加油保持润滑。

1.6.3 磁力搅拌器

由一根以玻璃或塑料密封的软铁（叫磁棒）和一个可旋转的磁铁组成。将磁棒投入盛有欲搅拌的反应物容器中，将容器置于内有旋转磁场的搅拌器托盘上，接通电源，由于内部磁铁旋转，使磁场发生变化，容器内磁棒亦随之旋转，达到搅拌的目的。一般的磁力搅拌器（图1-7为79-1型磁力搅拌器）都有控制磁铁转速的旋钮及可控制温度的加热装置。

图1-7 79-1型磁力搅拌器

1.7 其他设备

1.7.1 钢瓶

钢瓶又称高压气瓶（见图1-8a），是一种在加压下贮存或运送气体的容器，通常有铸钢的、低合金钢的等，其型号及规格见表1-5。

表1-5 高压钢瓶型号及规格

钢瓶型号	用途	工作压力/Pa	试验压力/Pa	
			水压试验	气压试验
150	装O_2、H_2、N_2、CH_4、压缩空气及惰性气体等	1.47×10^7	2.21×10^7	1.47×10^7
125	装CO_2等	1.18×10^7	1.86×10^7	1.18×10^7
30	装NH_3、Cl_2、光气、异丁烷等	2.94×10^6	5.88×10^6	2.94×10^6
6	装SO_2等	5.88×10^5	1.18×10^6	5.88×10^5

氢气、氧气、氮气、空气等在钢瓶中呈压缩气状态，二氧化碳、氨、氯、石油气等在钢瓶中呈液化状态。乙炔钢瓶内装有多孔性物质（如木屑、活性炭等）和丙酮，乙炔气体在压力下溶于其中。为了防止各种钢瓶混用，全国统一规定了瓶身、横条以及标字的颜色，以示区别。

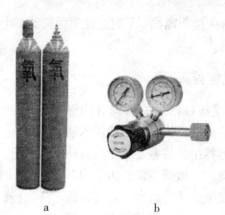

a   b

图1-8 高压气瓶及减压表

减压表由指示钢瓶压力的总压力表、控制压力的减压阀和减压后的分压力表三部分组成（图1-8b）。使用时应注意，把减压表与钢瓶连接好（勿猛拧!）后，将减压表的调压阀旋到最松位置（即关闭状态）。然后打开钢瓶总气阀门，总压力表即显示瓶内气体总压。检查各接头（用肥皂水）不漏气后，方可缓慢旋紧调压阀门，使气体缓缓送入系统。使用完毕，应首先关紧钢瓶总阀门，排空系统的气体，待总压力表与分压力表均指到0时，再旋松调压阀门。如钢瓶与减压表连接部分漏气，应加垫圈使之密封，切不能用麻丝等物堵漏，特别是氧气钢瓶及减压表绝对不能涂油，这应特别注意。

注意事项：

1. 钢瓶应放置在阴凉、干燥、远离热源的地方，避免日光直晒。氢气钢瓶应放在与实验室隔开的气瓶房内。实验室中应尽量少放钢瓶。

2. 搬运钢瓶时要旋上瓶帽，套上橡皮圈，轻拿轻放，防止摔碰或剧烈振动。

3. 使用钢瓶时，如直立放置应有支架或用铁丝绑住，以免摔倒；如果水平放置应垫稳，防止滚动，还应防止油和其他有机物沾污钢瓶。

4. 钢瓶使用时要用减压表，一般可燃性气体（氢、乙炔等）钢瓶气门螺纹是反向的，不燃或助燃性气体（氮、氧等）钢瓶气门螺纹是正向的。各种减压表不得混用。开启气门时应站在减压表的另一侧，以防减压表脱出而被击伤。

5. 钢瓶中的气体不可用完，应留有0.5%表压以上的气体，以防止重新灌气时发生危险。

6. 用可燃性气体时一定要有防止回火的装置（有的减压表带有此种装置）。在导管中塞细铜丝网，管路中加液封可以起保护作用。

7. 钢瓶应定期试压检验（一般钢瓶三年检验一次）。逾期未经检验或锈蚀严重时，不得使用，漏气的钢瓶不得使用。

现将常用的几种钢瓶的标色列于表1-6中。

表1-6 我国高压气体钢瓶常用的标记

气体类别	瓶身颜色	标字颜色	腰带颜色
氮	黑色	黄色	棕色
氧	天蓝色	黑色	—
氢	深绿色	红色	—
空气	黑色	白色	—
氨	黄色	黑色	—
二氧化碳	黑色	黄色	—
氯	草绿色	白色	—
氩	灰色	黄色	—
乙烯	白色	红色	绿色
其他一切可燃气体	红色	白色	—
其他一切非可燃气体	黑色	黄色	—

1.7.2 真空泵

目前化学实验室里常用的减压泵有循环水真空泵（图1-9）和油泵（图1-10）两种。

图1-9 循环水真空泵

图1-10 油泵

循环水真空泵采用射流技术产生负压，以循环水作为工作流体，是新型的真空抽气泵。它的优点是使用方便，节约用水。面板上有开关、指示灯、真空度指示表，真空吸头Ⅰ、Ⅱ（可供两套减压装置使用）。后板上有进出水的下口、上口，循环冷凝水的进水口、出水口。使用前，先打开台面加水，或将进水管与水龙头连接，加水至进水管上口的下沿，真空吸头处装上橡皮管。若不要求很低的压力，可用循环水真空泵，在水泵前装上安全瓶，以防水压下降时，水流倒吸。抽气时，将橡皮管连接到安全瓶抽真空处，打开开关，指示灯亮，真空泵开始工作；停止抽气前，应先放气，然后关循环水真空泵，实验室通常使用的循环水真空泵真空度最大为-0.08 MPa，有些循环水真空泵的最大真空度可达-0.098 MPa。

若需要较低的压力，则用油泵，好的油泵能抽到133.3 Pa（1 mmHg）以下。油泵的好坏决定于其机械结构和油的质量，使用时必须保护好油泵。蒸馏挥发性较大的有机溶剂时，有机溶剂会被油吸收，结果增加了蒸气压，从而降低了抽空效能；酸性气体会腐蚀油泵；水蒸气会使油成乳浊液而抽坏真空泵。因此使用油泵时必须注意以下几点：在蒸馏系统和油泵之间必须装有吸收装置；蒸馏前必须用水泵彻底抽去系统中有机溶剂的蒸气；能用水泵抽气的，则尽量用水泵，如蒸馏物质中含有挥发性物质，可先用水泵减压抽降，然后改用油泵；减压系统必须保持密不漏气，所有的橡皮塞的大小和孔道要合适，橡皮管要用真空用的橡皮管；磨口玻璃涂上真空油脂。

1.7.3　旋转薄膜蒸发仪

旋转薄膜蒸发仪（Rotary evaporator）如图1-11所示，主要用于在减压条件下连续蒸馏大量易挥发溶剂，尤其适用于萃取液的浓缩和色谱分离时的接收液的蒸馏，可以分离和纯化反应产物。其基本原理是减压蒸馏，也就是在减压情况下，当溶剂蒸馏时，蒸馏烧瓶在连续转动。

1. 结构

旋转薄膜蒸发仪的蒸馏烧瓶是带有标准磨口接口的梨形或圆底烧瓶，通过回流蛇形冷凝管与减压泵相连，回流冷凝管与带有磨口的接收烧瓶相连，用于接收被蒸发的有机溶剂。在冷凝管与减压泵之间有一个三通活

图1-11　旋转薄膜蒸发仪

塞，当体系与大气相通时，可以将蒸馏烧瓶、接液烧瓶取下，转移溶剂，当体系与减压泵相通时，则体系处于减压状态。使用时，应先减压，再开动电动机转动蒸馏烧瓶，结束时，应先停机，再通大气，以防蒸馏烧瓶在转动中脱落。作为蒸馏的热源，常配有相应的恒温水槽。

（1）旋转马达。通过马达的旋转带动盛有样品的蒸发瓶。

（2）蒸发管。蒸发管有两个作用：首先起到样品旋转支撑轴的作用；其次通过蒸发管，真空系统将样品吸出。

（3）真空系统。用来降低旋转蒸发仪系统的气压。

（4）流体加热锅。通常情况下都是用水加热样品。

（5）冷凝管。使用双蛇形冷凝或者其他冷凝剂如干冰、丙酮冷凝样品。

（6）冷凝样品收集瓶。样品冷却后进入收集瓶。

2. 工作原理

通过电子控制，使烧瓶在最适当的速度下，恒速旋转以增大蒸发面积。通过真空泵使蒸发烧瓶处于负压状态。蒸发烧瓶在旋转的同时置于水浴锅中恒温加热，瓶内溶液在负压下在旋转烧瓶内进行加热扩散蒸发。旋转蒸发器系统可以密封减压至400~600 mmHg；用加热浴加热蒸馏瓶中的溶剂，加热温度可接近该溶剂的沸点；同时还可进行旋转，速度为50~160转/分，使溶剂形成薄膜，增大蒸发面积。此外，在高效冷却器作用下，可将热蒸气迅速液化，加大蒸发速率。

3. 旋转薄膜蒸发仪的使用

（1）用胶管与冷凝水龙头连接，用真空胶管与真空泵相连。

（2）将水注入加热槽。最好用纯水，自来水要放置1~2天再用。

（3）调正主机角度。只要松开主机和立柱连结螺钉，主机即可在0~45°之间任意倾斜。

（4）在烧瓶中加入待蒸液体，体积不能超过2/3。装好烧瓶，用卡口卡牢。

（5）接通冷凝水，接通电源220 V/50 Hz，与主机连接上蒸发瓶（不要放手），打开真空泵，抽真空，待烧瓶吸住后，用升降控制开关将烧瓶置于水浴内。

（6）调整主机高度。按压位于加热槽底部的压杆，调节弧度使之达到合适位置后手离压杆即可达到所需高度。

（7）打开调速开关，绿灯亮，调节转速旋钮，蒸发瓶开始转动，调整至稳定的转速。打开调温开关，绿灯亮，调节调温旋钮，加热槽开始自动温控加热，在设定温度下旋转蒸发，仪器进入试运行。温度与真空度达到所要求的范围，即能蒸发溶剂到接收瓶。

（8）蒸发完毕，首先关闭调速开关及调温开关，按压下压杆使主机上升，然后关闭真空泵，并打开放空阀，使之与大气相通，取下蒸发瓶，关闭水泵。

4. 注意事项

（1）玻璃仪器应轻拿轻放，装前应洗干净，擦干或烘干。

（2）各磨口、密封面、密封圈及接头安装前都需要涂一层真空脂。

（3）加热槽通电前必须加水，不允许无水干烧。

（4）如真空抽不上来需检查：各接头、接口是否密封；密封圈、密封面是否有效；主轴与密封圈之间真空脂是否涂好；真空泵及橡皮管是否漏气；玻璃件是否有裂缝、碎裂、损坏的现象。

1.8　实验装置及设备

1.8.1　回流装置

1. 装置图

（1）常见回流装置。图1-12a是最简单的冷凝回流装置，将反应物置于圆底烧瓶底部，再用适当的热源或热浴加热，调节加热速度，以受热液体的蒸气上升的高度不超过冷凝管长度的1/3为宜。为防止反应物受潮，可在冷凝管上口接氯化钙干燥管，以防空气中的湿气侵入，如图1-12b。若反应时放出有害气体，则需接气体吸收装置，如图1-12c。若需将反应生成的水带出，则需带分水器的回流装置，见图1-12d。若分水并需测反应物温度，则使用图1-12e。有些反应进行剧烈，将反应物一次性加入，反应会失去控制，可采用带滴液漏斗的回流冷凝装置，如图1-12f～h。

（2）冷凝管的选择。当回流温度不太高时（低于140 ℃），通常选用球形冷凝管，当回流温度较高时（高于150 ℃），就要选用空气冷凝管，否则冷凝管内气体温度过高，容易炸裂。

（3）搅拌反应装置。当反应在均相溶液中进行时一般可以不搅拌，因为加热时溶液存在一定程度的对流，从而保持液体各部分均匀地受热。如果是非均相间反应，或反应物之一系逐渐滴加时，为了尽可能使其迅速均匀地混合，以避免因局部过浓过热而导致其他副反应发生或有机物的分解；有时反应产物是固体，如不搅拌将影响反应顺利进行：在这些情况下均需进行搅拌操作。在许多合成实验中使用搅拌装置不但可以较好地控制反应温度，同时也能缩短反应时间和提高产率。图1-13是一组常用的搅拌反应装置。如果只是要求搅拌、回流和滴加试剂，采用图1-13a所示电动搅拌装置即可。如果不仅要满足上述要求，而且要测试反应温度，则需采用图1-13b所示装置，或采用四口烧瓶来安装反应装置。若用磁力搅拌器代替电动搅拌仍可采用图1-13所示装置。

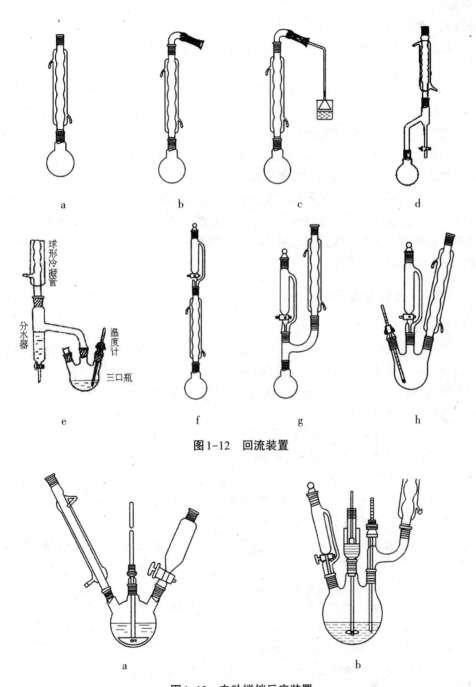

图1-12 回流装置

图1-13 电动搅拌反应装置

2.注意事项

（1）磨口仪器如果粘结在一起，不可使劲拆卸，可先用电吹风对着粘结接口处加热，然后再试着拆卸。

（2）如果用滴液漏斗或者三口烧瓶等玻璃仪器盛装碱性溶液，使用完后应及时洗涤，以防止粘结。

（3）在回流装置中，一般多采用球形冷凝管，因为蒸汽与冷凝管接触面积较大，冷凝效果较好，尤其适合于低沸点溶剂的回流操作；若回流温度较高，也可采用直形冷凝管；当回流温度高于150℃时则使用空气冷凝管。

（4）在搅拌反应中，若反应混合物量较大或较黏稠或含有固体物质，则用磁力搅拌效果不佳，应以机械搅拌器搅拌为宜。

（5）在采用气体吸收装置时（见图1-12c），应密切观察气体吸收情况。有时会因为反应温度的变化而导致体系内形成一定的负压，从而发生气体吸收液倒吸现象。解决的方法为：保持玻璃漏斗或玻璃管悬在近离吸收液的液面上，使反应体系与大气相通，消除负压。

1.8.2　光化学反应仪

1. 概述

光化学反应仪主要用于研究气相或液相介质、固定或流动体系、紫外光或模拟可见光照以及反应容器是否负载TiO_2光催化剂等条件下的光化学反应，广泛应用于新材料、化工产品的光化学合成、污染物质的光化学降解（分解）以及生命科学等研究领域。

本书介绍SGY-I型多功能光化学反应仪（见图1-14），该仪器主要由旋转反应器、搅拌反应器和控制箱体部分构成。其结构及工作原理如下：

（1）旋转反应器

旋转反应器（见图1-14a）的功能如下：

① 汞灯：置于石英冷阱内，可提供光源；

② 上、中转盘：放置石英试管，同下转盘一起随电机转动（固定转速5.5转/分），使试管均匀接受光照；

③ 转盘调节机构：调节中转盘升降，从而改变试管的光照范围；

④ 滤光片：插入滤光片架内，以分离出特定波长的光。

（2）搅拌反应器

搅拌反应器（见图1-14c）的功能如下：

① 汞灯：置于石英冷阱内，再放入反应瓶中，提供光源；

② 调节旋钮：可调节电机转速，从而调节反应瓶内磁子的旋转速度；

③ 反应瓶：放置实验溶液，可根据需要分别选用25 mL、500 mL、1000 mL多种反应瓶。

（3）控制箱体

控制箱体（图1-14b）分为上下两部分：上部为实验箱；下部为电气控制箱。实验箱内装有排风扇、温度传感器探头、进水管、出水管和进气管接头、挂钩（挂置通水管和通气管）及灯管、反应器插座等部件，前门有观察窗。电气控制箱内有电气控制线路，前部有控制面板。

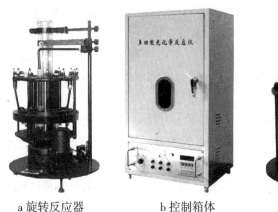

a 旋转反应器   b 控制箱体   c 搅拌反应器

图1-14 SGY-I型多功能光化学反应仪

2. 操作步骤

（1）参数设置

总工作时间：即本次实验的全部时间，最大设置值为9999 min，仪器出厂预置为10 min；阶段提示时间：实验过程中做一次分析记录的间隔时间，最大设置值为99 min，仪器出厂预置为1 min；灯管稳定时间：最大设置值为99 min，仪器出厂预置为0。

注：总工作时间=阶段提示时间总和+灯管稳定时间；推荐设置灯管稳定时间为5 min。

（2）工作过程控制

① 工作开始提示：工作参数设置完毕，光源自动开，灯管亮并进行稳定。稳定时间到，喇叭响十声，提示正式开始工作，显示倒计时工作时间；阶段提示：每次阶段提示时间到，喇叭响五声，报警灯亮，可取样进行分析记录；仪器继续倒计时工作；工作结束提示：总工作时间到，喇叭长响一声，报警灯亮，同时光源自动关，显示屏显示"HP"，工作结束。

② 旋转反应器转动控制：按"旋转开"或"旋转关"键进行控制。

③ 工作过程中，如显示混乱，按"确认"键，显示自动更新为正确的倒计时工作时间。

④ 工作过程中温度测控：反应箱中配有两根温度探头，1号红色探头（导线

较长）和2号黄色探头。根据需要可分别置于箱体内需测温处。实验过程中，如需查看相对应温度值，按如下步骤操作：

按"功能"键，显示数值"1"，约0.5秒后显示另一数值"XX"，表示1号探头的探测温度为XX ℃；再按"功能"键，显示数值"2"，约0.5秒后显示另一数值"YY"，表示2号探头的探测温度为YY ℃。重复按"功能"键，交替显示两处的温度值。温度显示约持续2秒钟，自动返回倒计时时间。

注：用旋转反应器时，温度探头不得直接放入实验试管中，即不能测量反应液的温度；使用搅拌反应器时，温度探头可直接放入反应瓶中测量反应液的温度。查看温度，不影响倒计时工作；若温度传感器有故障，仪器显示"E2"，但不影响仪器正常工作。

⑤ 冷却水断水故障控制

出现冷却水断水故障时，仪器报警灯亮，喇叭急促鸣响，报警将持续30秒。30秒内故障排除，仪器自动恢复工作；30秒后，如故障未能排除，仪器将切断汞灯电源，并自动停机。停机后，报警灯仍亮，但喇叭不再鸣响，仪器显示"E1"，等待处理故障。人工排除故障后，按"确认"键，仪器恢复运行。

3. 注意事项

（1）保持仪器清洁，石英冷阱内保持干燥。不应用手直接接触石英器皿和滤光片，以防污染而影响透光。石英表面和汞灯管被污染后可用棉花沾取少量酒精清洗。

（2）仪器启动前应首先确定光源功率，将面板上的"光源功率"旋钮转到相应位置。

（3）使用汞灯或氙灯做实验时，必须将灯源放置在石英冷阱内使用（同时配套低温冷却循环装置使用，避免温度过高造成仪器损坏）。

（4）石英器皿外部常用干净脱脂棉沾取少量酒精擦净，清洗内部则用洗液。

1.8.3 微波反应仪

1. 概述

对于凝聚态物质，微波主要通过两种机制起到加热作用：一种是极化机制；另一种是离子传导机制。通常极化有电子极化、原子极化、偶极极化和界面极化四种类型。物质总的极化程度是这四种极化作用之和，其中偶极极化和界面极化对微波介电加热起了主要作用；而离子传导机制则是介质内所存在的自由移动的离子，在电磁场中产生离子迁移电流，进而产生电流损失（即产生热）。在微波场中，这两种机制通常是共存的，而贡献大小则由介质自身的性质来决定。一般说来，离子化合物离子传导机制占主导，共价化合物则是极化机制占主导，金属则不发生加热机制。

当微波作用于分子时，促进了分子的转动运动，分子若此时具有一定的极性，便在微波作用下瞬时极化，当频率为2450 MHz时，分子就以24.5亿次/秒的速度做极性变换运动，从而产生键的振动、撕裂和粒子之间的相互摩擦、碰撞，促进分子活性部分（极性部分）更好地接触和反应，并迅速生成大量的热，使温度升高。

由于微波介电加热具有上述特殊机制，它表现出比常规方式优越得多的加热性能。常规方式加热需要在温度梯度的推动下，经历热源的传导、媒介的对流传热、容器壁的热传导、样品内部的热传导等过程；而微波介电加热则不同，玻璃容器壁对微波是透明的，微波将能量直接辐射到样品分子上，迅速提高反应物温度，并不依赖于温度梯度的推动。

微波反应仪是应用先进的微波技术作为物理催化手段的新型化学反应装置，通过熵效应和熵效应诱导或加速化学反应和物理过程，使反应速度比常规方法加快数百倍甚至数千倍，同时提高反应选择性和收率，使过去许多难以发生或速度很慢的化学反应或物理过程变得容易实现和高速完成，能催化完成加成、取代、酯化、水解、烷（酰）基化、聚合、缩合、环合和氧化等许多类型的有机、药物和生物化学反应及食品、天然产物和矿物的溶剂萃取等物理过程。

微波辐射条件下化学反应具有以下特点：强活化，温转化；反应速度快；转化率高；选择性高。微波反应仪适用于有机合成化学、药物化学、食品科学、军事化学、分子生物学、分析化学、无机化学、石油化工等领域。如图1-15所示，微波反应仪主要由微波反应仪主机、接触式温度传感器、磁力搅拌系统、回流冷凝系统等组成。

图1-15　微波反应仪

（1）把微波反应仪电源接通，打开电源开关。电源指示灯、炉灯、液晶屏同时亮起。

（2）微波腔体内必须放置好需要反应的反应物质。

（3）设定工作时段的参数

① 反应仪共分五个工作时段，每个工作时段下挡位、温度、时间独立可调。

② 挡位输入范围为01～10，01为最低挡，表示为10%功率；10为最高挡，表示为100%功率。

③ 温度输入范围为0～250，表示0 ℃至250 ℃。

④ 时间输入范围为0～999，表示0秒至999秒。

屏幕上有光标跳动，指示当前输入位置。按动触摸面板各键，"嘀"声自动响起，表示本次按键有效。按动触摸面板0～9数字键，可在光标所在位置输入相应字符，光标所在位置如果已经存在字符，将会被本次输入的字符覆盖。同时光标自动后移到下一个输入位置。按动触摸面板退格键，可以删除光标所在位置的字符，同时光标自动前移到上一个输入位置。按动触摸面板左右光标移动键，光标在水平方向左右移动到可输入位置。按动触摸面板上下光标移动键，光标在垂直方向上下移动到可输入位置。

（4）运行微波反应仪

① 按动触摸面板确认键，确认设定的工作时段参数为有效数据。此时液晶屏光标将会消失，不再接受新的输入数据。本次确认的参数将保存在 Flash 存储器，断电后不会丢失。

② 按动触摸面板开启键，微波反应仪按照用户设定开始工作，微波开始发射。液晶屏右下角显示微波输出中。液晶屏实时显示当前的实际温度、有效功率、实际时间。

③ 按动触摸面板关闭键，微波反应仪停止工作，微波不再发射。液晶屏右下角显示微波已停止。

④ 微波反应仪运行中修改反应条件：按动触摸面板设定键，液晶屏光标再次出现，可以修改参数，修改完毕，必须按动触摸面板确认键进行确认。不必再次按开启键。

（5）磁力搅拌器的控制为单独控制，不受微电脑控制，顺时针旋动微波反应仪门右侧的旋钮，磁力搅拌器的速度随之提高，反之下降。

3. 注意事项

（1）关闭好反应仪炉门，在未关闭好炉门的情况下，炉内灯不会亮起，磁控管不会工作，也无微波输出。

（2）严禁在炉腔内无负载的情况下开启微波，以免损伤磁控管。

（3）在微波反应过程中打开微波炉门，程序将停止运行，磁控管停止发射微波。当关上炉门后需要重新输入反应参数，或再次确定设定参数，重新开启。

（4）微波反应仪应水平放置，避免磁力搅拌不能正常工作。勿将金属物品放入炉腔，避免金属打火。工作完毕从炉腔拿出器皿时，应戴隔热手套，以免高温烫伤。

（5）反应器外罩的百叶窗严禁覆盖，以免散热不良而造成仪器损伤。勿使用腐蚀性、挥发性的化学溶剂擦拭炉身，以免炉身损伤。

1.8.4 超声反应仪

1. 概述

超声波是弹性介质中的一种机械波，利用超声振动能量可改变物质组织结构、状态、功能或加速这些改变的过程。近年来，超声技术得到了越来越广泛的应用，超声波在高分子的降解和聚合、有机合成与分离、雾化、结晶等方面有大量应用。

超声波具有空化效应、机械效应及热效应，还可以产生乳化、扩散、击碎、化学效应等许多次级效应，这些效应增大了介质分子的运动速度，提高了介质的穿透能力，促进药物有效成分溶解及扩散，可以缩短提取时间，提高药物有效成分的提取率，加快反应速率。超声反应仪如图1-16所示。

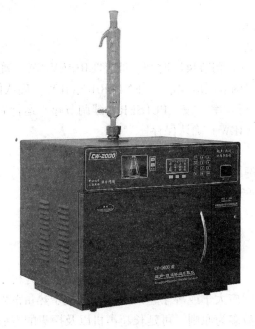

图1-16 超声反应仪

（1）空化效应

通常情况下，介质内部或多或少都溶解了一些微气泡，这些微气泡在超声波的作用下产生振动、膨胀，然后突然闭合，气泡闭合瞬间在其周围产生高达几千个大气压的瞬间压力，形成微激波，可使反应迅速进行，也可造成植物细胞壁及整个生物体瞬间破裂，有利于药物有效成分的溶出。

（2）机械效应

超声波在介质中传播时，可以使质点在传播空间内产生振动作用，从而强化介质的扩散、传质。超声波可使细胞组织变形、蛋白质变性，同时，还可以给予介质和悬浮体以不同的加速度，且介质分子的悬浮速度远大于悬浮体分子的运动速度，从而在两者之间产生摩擦，有利于反应物分子间的相互作用，提高反应速率。同时可使生物分子解聚，使细胞壁内有效成分迅速溶解于溶液中。

（3）热效应

超声波在介质的传播过程中，其声能可以不断地被介质吸收，介质将所吸收的能量全部或大部分变成热能，从而导致分子运动速率瞬间变化，有利于反应快速发生，对药材而言可使介质和药材组织的温度升高，加快了有效成分的溶解速度。由于这种吸收声能引起的药物组织内部温度的升高是瞬间的，因此不会使被提取成分的结构和生物活性改变。

2. 操作

（1）接通电源。

（2）按［I］键开机。

（3）调节试验条件。

① 按［TIMER］键，调节反应时间，［ENTER/REVIEW］确认保存。

② 按［TEMP］键调节反应温度，［ENTER/REVIEW］确认保存。

③ 调节超声波运行频率，按［PULSER］键调节超声运行周期中的运行和停止时长，［ENTER/REVIEW］确认保存。

④ 按［ENERGY］键调节超声能量，［ENTER/REVIEW］确认保存。

⑤ 按［AMPL］键调节振动输出能量，［ENTER/REVIEW］确认保存。

（4）按［START/STOP］键开始运行。

（5）按［START/STOP］键结束运行。

（6）按［O］键关机。切断电源，整理实验台。

3. 注意事项

（1）切忌空载（一定要将超声变幅杆插入样品后才能开机）。

（2）超声间隙时间应大于或等于超声时间，以便于热量散发。时间设定应以超声时间短、超声次数多为原则，可延长超声机以及探头的寿命。

（3）日常保养：用完后用酒精擦洗探头或用清水进行超声。

1.9 加热与冷却

1.9.1 加热

为了保证加热均匀，一般使用热浴进行间接加热。作为传热的介质有空气、水、有机液体、熔融的盐和金属等，根据加热温度、升温的速度等需要，常用下列手段：

1. 水浴和蒸气浴

当加热的温度不超过100 ℃时，使用水浴加热较为方便。但是必须指出（强调）：当用到金属钾、钠的操作以及无水操作时，绝不能在水浴上进行，否则会引起火灾或使实验失败，使用水浴时勿使容器触及水浴器壁及其底部。由于水的不断蒸发，适当时要添加热水，使水浴中的水面经常保持稍高于容器内的液面。电热多孔恒温水浴，使用起来较为方便。

2. 油浴

当加热温度在100～200 ℃时，宜使用油浴，优点是使反应物受热均匀，反应物的温度一般低于油浴温度20 ℃左右。常用的油浴有：

（1）甘油

甘油可以加热到140～150 ℃，温度过高时则会炭化。

（2）植物油

植物油如菜籽油、花生油等，可以加热到220 ℃，常加入1%的对苯二酚等抗氧化剂，以便于久用。温度过高时分解，达到闪点时可能燃烧起来，所以使用时要小心。

（3）石蜡油

可以加热到200 ℃左右，温度稍高并不分解，但较易燃烧。

（4）硅油

硅油在250 ℃时仍较稳定，透明度好、安全，是目前实验室里较为常用的油浴之一，但其价格较高。

使用油浴加热时要特别小心，防止着火，当油浴受热冒烟时，应立即停止加热，油浴中应挂一温度计，可以观察油浴的温度和有无过热现象，同时便于调节、控制温度，温度不能过高，否则受热后有溢出的危险。使用油浴时要竭力防止产生可能引起油浴燃烧的因素。

加热完毕取出反应容器时，用铁夹夹住反应器离开油浴液面悬置片刻，待容器壁上附着的油滴完后，再用纸片或干布擦干器壁。

1.9.2 冷却

某些化学反应需要在低温条件下进行，另外一些反应需要传递出产生的热量；有的制备操作如结晶、液态物质的凝固等也需要低温冷却。我们可根据所要求的温度条件选择不同的冷却剂（制冷剂）。

1. 水冷

用水冷却是一种最简便、最常用的方法。水冷却可使被冷却物的温度降到接近室温。方法是将被冷却物在冷水或在流动的冷水中冷却（如回流冷凝器）。

2. 冰或冰水冷却

如果实验要求0 ℃左右的温度，用适量冰、水混合，制作冰水混合体系，将盛有物料的容器直接放入冰水中。

3. 冰-无机盐冷却

实验室使用冰盐浴可得到0 ℃以下的低温，为了保持冷却效率，冰盐浴要使用绝热较好的容器，如杜瓦瓶等。

制作冰盐冷却剂时，要把盐研细后再与粉碎的冰混合，这样制冷的效果好。常用冰盐冷却剂见表1-8。

表1-8 常用冰盐冷却剂

盐类	100份碎冰中加入盐的质量份数	混合物能达到的最低温度/℃
NaCl	33	−21
NH₄Cl	25	−15
NaNO₃	50	−18
CaCl₂·6H₂O	41	−9
CaCl₂·6H₂O	82	−21
CaCl₂·6H₂O	100	−29
CaCl₂·6H₂O	125	−40
CaCl₂·6H₂O	150	−49
CaCl₂·6H₂O	143	−55
KCl	30	−11
MgSO₄	23.4	−3.9
ZnCl₂	108.3	−62

在实验室中，最常用的冷却剂是碎冰和食盐的混合物，它实际上能冷却到-18 ℃的低温。

4. 干冰-有机溶剂冷却

如需获得更低的温度，可用干冰-有机溶剂冷却剂，即用干冰与丙酮、乙醇、正丁烷、异戊烷等有机溶剂混合，可获得-70 ℃以下的低温。

5. 低沸点的液态气体冷却

利用低沸点的液态气体冷却，可获得更低的温度。如液态氮（一般放在铜、不锈钢或铝合金的杜瓦瓶中）可达到-198 ℃，而液态氦可达到-268.9 ℃的低温。使用液态气体时，为了防止低温冻伤事故发生，必须戴皮（或棉）手套和防护眼镜。一般低温冷浴也不要用手直接触摸制冷剂（可戴橡皮手套）。

应当注意，测量-38 ℃以下的低温时不能使用水银温度计（Hg的凝固点为-38.87 ℃），应使用低温酒精温度计等。

此外，使用低温冷浴时，为防止外界热量的传入，冷浴外壁应使用隔热材料包裹覆盖。

第2章 实验技能

技能1 电子天平称量

【方法提要】

电子天平如图2-1所示，其称量是依据电磁力平衡原理。称量物通过支架连杆与一线圈相连，该线圈置于固定的永久磁铁——磁钢之中，当线圈通电时自身产生的电磁力与磁钢磁力作用，产生向上的作用力。该力与秤盘中称量物的向下重力达平衡时，此线圈通入的电流与该物的重力成正比。利用该电流大小可计量称量物的质量。其线圈上电流大小的自动控制与计量通过该天平的位移传感器、调节器及放大器实现。当盘内物重变化时，与盘相连的支架连杆带动线圈同步下移，位移传感器将此信号检出并传递、经调节器和电流放大器调节线圈电流大小，使其产生向上之力推动秤盘及称量物恢复原位置为止，重新达线圈电磁力与物体重力平衡，此时的电流可计量物重。

图2-1　电子天平

电子天平是物质计量中唯一可自动测量、显示甚至可自动记录、打印结果的天平。其最大读数精度可达0.01 mg，实用性很大。但应注意其称量原理是电磁力与物质的重力相平衡，该天平使用时，要依据使用地的纬度、海拔高度随时校正其g值，方可获得准确的结果。常量或半微量电子天平一般内部配有标准砝码和质量的校正装置，校正后的电子天平可获得准确的质量读数。

电子天平具有以下特点：性能稳定、操作简便、称量速度快、灵敏度高，能进行自动校正、去皮及质量电信号输出。

【操作步骤】

1. 调零

天平开机前，要检查天平后部水平仪内的水泡是否位于圆环的中央，否则应通过天平的地脚螺栓进行调节，左旋升高，右旋下降。然后接通电源，预热30~60分钟。

2. 开机

使秤盘空载并按压<ON>键，天平进行显示自检（显示屏所有字段短时点亮）显示天平型号，当显示称量模式 0.0000 g时，天平就可以称量了。当遇到各种功能键有误无法恢复时，重新开机即可恢复出厂设置。

3. 关机

确保秤盘空载后按压<OFF>键，天平如长时间不用，请拔去电源插头。

4. 校准

为获得准确的称量结果，遇到以下情况必须对天平进行校准：首次使用天平称量之前、天平改变安放位置后、称量工作中定期进行，以适应当地的重力加速度。校准应在天平经过预热并达到工作温度后进行。

校准方法：

（1）准备好校准用的标准砝码，确保秤盘空载；

（2）按<TAR>键：使天平显示回零；

（3）按<CAL>键：显示闪烁的 CAL-XXX（XXX一般为100、200或其他数字，提醒使用相对应的100 g、200 g或其他规格的标准砝码）；

（4）将标准砝码放到秤盘中心位置，等待十几秒钟后，显示标准砝码的质量，此时移去砝码，天平显示回零，表示校准结束，可以进行称量了。如天平不回零，可再进行一次校准工作。

5. 称量

天平经校准后即可进行称量，当天平空载时，如显示不在零状态，可按<TAR>键，清零。置称量物于秤盘上，待数字稳定即显示器左下角的"○"标志消失后才可读数。称量时被测物必须轻拿轻放，并确保不使天平超载，以免损坏天平的传感器。

6. 去皮称量

按<TAR>键清零，置容器于秤盘上，天平显示容器质量，再按<TAR>键，显示零，即去除皮重。再置称量物于容器中，或将称量物（粉末状物或液体）逐步加入容器中直至达到所需质量，待显示器左下角"○"消失，此时天平显示的结果即为称量物的净质量。若将容器从秤盘上取走，天平显示负值，皮重将一直保留到再次按<TAR>键或关机为止。按<TAR>键，天平显示 0.0000 g。

7. 称量方法

常用的称量方法有直接称量法、固定质量称量法和递减称量法，现分别介绍如下。

（1）直接称量法

用于直接称量某一固体物体的质量，如小烧杯。要求：所称物体洁净、干燥，不易潮解、升华，并无腐蚀性。方法：按<TAR>键清零后。把称量物放入秤盘中央，关闭天平门，待读数稳定，该数字即为被称物体的质量。

（2）固定质量称量法

此法又称增量法，用于称量指定质量的试样。如称量基准物质，来配制一定浓度和体积的标准溶液。这种称量操作的速度很慢，适于称量不易吸潮、在空气中能稳定存在的粉末状或小颗粒（最小颗粒应小于 0.1 mg，以便容易调节其质量）样品。

方法：按<TAR>键清零，将空容器放在秤盘中央，按<TAR>键去皮。再用牛角勺将试样慢慢加入盛放试样的容器中，当所加试样与指定质量相差不到 10 mg 时，极其小心地将盛有试样的牛角勺伸向秤盘的容器上方 2~3 cm 处，勺的另一端顶在掌心上，用拇指、中指及掌心拿稳牛角勺，并用食指轻弹牛角勺，将试样慢慢抖入容器中。此操作必须十分仔细，绝对不能将试样撒在秤盘上。

（3）递减称量法

用于称量一定质量范围的试样，适于称取多份易吸水、易氧化或易于和 CO_2 反应的物质。由于称取试样的质量是由两次称量之差求得，故也称差减法。称量方法如下：

① 先准备两个洁净的器皿（如小烧杯），用直接称量法在电子天平上准确称量接收器 1 和接收器 2 的质量，分别记为 W_0 g 和 W_0' g。

② 从干燥器中用纸带（或纸片）夹住称量瓶后取出称量瓶（注意：不要让手指直接触及称量瓶和瓶盖），用纸片夹住称量瓶盖柄，打开瓶盖，用牛角匙加入适量试样（一般为称一份试样量的整数倍），盖上瓶盖。将称量瓶放到秤盘的中央，关闭天平门，等读数稳定后，称出称量瓶加试样后的准确质量 W_1 g。打开天平门，右手用纸条夹住称量瓶，取出称量瓶，关闭天平。将称量瓶拿到预先准备的洁净接收器上方，左手用纸片夹住瓶盖柄，打开瓶盖。在接收器的上方慢慢向下倾斜瓶身，用称量瓶盖轻敲瓶口上部，使试样慢慢落入容器中，瓶盖始终不要离开接收器上方。当倾出的试样接近所需量（可从体积上估计或试重得知）

时，一边继续用瓶盖轻敲瓶口，一边逐渐将瓶身竖直，使黏附在瓶口上的试样落回称量瓶（见图2-2），然后盖好瓶盖，准确称其质量W_2g。两次质量之差(W_1-W_2)g，即为称取试样的质量。按上述方法连续递减，可称量多份试样。有时一次很难得到合乎质量范围要求的试样，可重复上述称量操作。

③准确称出两个接收器加试样的质量，分别记为W_4、W_5。

④称量记录，进行数据处理和检查。

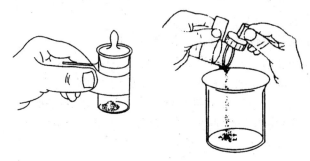

图2-2 递减称量法

8.称量实例

（1）用固定质量称量法，准确称取0.5000 g NaCl；

（2）用递减称量法，称取0.3 g $K_2Cr_2O_7$；

（3）数据处理和检查。

第一份样品质量为(W_1-W_2)g，即(W_4-W_0)g，第二份样品质量为(W_2-W_3)g，即(W_5-W_0')g，计算(W_1-W_2)g的数值是否等于(W_4-W_0)g的数值、(W_2-W_3)g的数值是否等于(W_5-W_0')g的数值。

表2-1 称量记录

称量瓶+样品			烧杯1		烧杯2	
W_1(g)	W_2(g)	W_3(g)	W_0(g)	W_4(g)	W_0'(g)	W_5(g)

表2-2 称量结果

样品(1)重		样品(2)重	
(W_1-W_2)g	(W_4-W_0)g	(W_2-W_3)g	(W_5-W_0')g
绝对误差：		绝对误差：	

【注意事项】

1. 将天平放在稳定的工作台上，避免振动、气流、阳光直射和剧烈的温度波动。

2. 安装秤盘，调整水平调节脚，使水泡位于水准器中心。

3. 接通电源前请确认当地交流电压是否与天平所需电压一致。

4. 为获得准确的称量结果，在进行称量前必须使天平接通电源预热30～60分钟以达到工作温度（FA系列180分钟）。

5. 电子天平属精密仪器，使用时注意细心操作。

6. 使用去皮功能时，容器和待称物的总重不可大于天平的最大称量。

7. 所称试样不准直接放置在秤盘上，以免沾污和腐蚀仪器。

8. 递减法称量时，拿取称量瓶的原则是避免手指直接接触器皿，除用洁净的纸条包裹外也可用塑料薄膜或者用"指套"、"手套"拿称量瓶，以减少称量误差。

9. 不管称取什么样的试样，都必须细心地将试样置入接收器中，不得撒在天平箱板上或秤盘上。

10. 同一个实验应使用同一台天平进行称量，以免产生系统误差。

【问题与思考】

1. 使用电子天平应该注意些什么？

2. 递减称量法称样是怎样进行的？固定质量称量法的称量是怎样进行的？它们各有什么优缺点？

3. 在递减称量法称量过程中能否用小勺从称量瓶中取样，为什么？

4. 在什么情况下采用固定质量称量法？什么情况下采用差减法？

技能2 吸量管、移液管、容量瓶的操作

【方法提要】

1. 吸量管、移液管、容量瓶的洗涤

仪器在使用前必须洗涤干净，洗净的器皿，其内壁被水完全润湿，把仪器倒转过来，器壁上只留下一层既薄而又均匀的水膜，而不挂水珠。常用器皿如锥形瓶、烧杯、试剂瓶等可用自来水冲洗或用刷子蘸取肥皂水或洗涤剂刷洗。容量瓶、移液管等仪器为避免容器内壁磨损而影响量器测量的准确度，一般不用刷子刷洗。可先用自来水冲洗或洗涤剂冲洗。如上述方法不能洗涤干净，可用洗液（一般用铬酸洗液）洗涤，洗液对那些不宜用刷子刷洗的器皿进行洗涤尤为方便。用铬酸洗液洗涤仪器的方法如下：

（1）容量瓶的洗涤方法

一般是先倒出瓶内残留的水，再倒入适量洗液（一般250 mL容量瓶倒入10～20 mL洗液即可），倾斜转动容量瓶，使洗液润湿内壁（必要时可用洗液浸泡数分钟），然后将洗液倒回原洗液瓶中，再用自来水冲洗容量瓶及瓶塞。然后再用少量蒸馏水润洗2～3次。

（2）吸量管、移液管的洗涤方法

用自来水将吸量管、移液管冲洗并沥干水后，再将移液管插入铬酸洗液瓶中，吸取洗液数毫升，倾斜移液管，让洗液淌遍全管。然后将洗液放回原洗液瓶中。如内壁油污严重，可把吸量管、移液管放入盛有洗液的量筒或高型玻璃筒中浸泡数分钟，取出沥尽洗液后用自来水冲洗干净，再用少量蒸馏水润洗2～3次。

2. 微量移液器的清洗

（1）移液器外壳可使用肥皂液、洗洁精或60%的异丙醇来擦洗，然后用双蒸水淋洗，晾干即可。

（2）移液器内部的清洗，需要先将移液器下半部分拆卸开来（按下脱卸吸头的按钮，用力拔出最外层的套筒），拆卸下来的5个部件可以用上述洗液来清洁，双蒸水冲洗干净，晾干，然后在活塞表面用棉签涂上一层薄薄的硅酮油脂。

3. 吸量管、移液管的操作

第一次用洗净的移液管吸取溶液时，应先用滤纸将尖端内外的水吸净，否则会因水滴引入而改变溶液的浓度。然后用所要移取的溶液将移液管润洗2～3

次，以保证移取的溶液浓度不变。方法是：吸入溶液至刚入膨大部分，立即用右手食指按住管口（不要使溶液回流，以免稀释），将移液管横过来，用两手的拇指及食指分别拿住移液管的两端，转动移液管并使溶液布满全管内壁，当溶液流至距上管口2～3 cm时，将管直立，使溶液由尖嘴放出，弃去。用移液管自容量瓶中移取溶液时，左手拿洗耳球排除空气后紧按在移液管口上，慢慢松开手指使溶液吸入管内，右手拇指及中指拿住管颈标线以上的地方，管尖插入液面以下，防止吸空，当液面上升到标线以上时，迅速用右手食指紧按管口，将管取出液面。左手改拿盛溶液的容量瓶，使容量瓶倾斜约30°，右手垂直地拿住移液管使管尖紧靠液面以上的容量瓶内壁，略微放松食指并用拇指和中指轻轻转动移液管身，直到液面缓缓下降到与标线相切时，再次用食指按紧管口，使液体不再流出，取出移液管，用干净滤纸擦拭管外溶液，把准备承接溶液的容器稍倾斜，将移液管移入容器中，使移液管垂直，管尖靠着容器内壁，松开食指，使溶液自由地沿器壁流下，待下降的液面静止后，再等待15秒，不要把残留在管尖的液体吹出，因为在校准移液管体积时，没有把这部分液体算在内（如管上注有"吹"字样，则要将管尖的液体吹出），如图2-3所示。

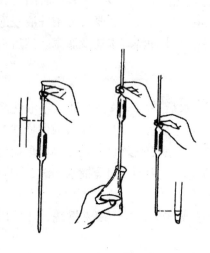

图2-3　移液管的正确操作

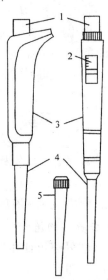

1.按钮；2.计数器；3.外壳；4.吸液杯；5.吸液嘴

图2-4　微量移液器

吸量管使用方法类同移液管，但移取溶液时，应尽量避免使用尖端处的刻度。

移液管和吸量管使用后，应洗净放在移液管架上。

4.微量移液器的使用

微量移液器（图2-4）（有的称"移液枪"、"取液器"）是一种取样量连续可调的精密取液仪器，其基本原理是依靠活塞的上下移动改变取液量。其活塞移动的距离是由调节轮控制螺杆机构来实现的，推动按钮带动推杆使活塞向下移动、排出了活塞腔内的气体。松手后，活塞在复位弹簧的作用下恢复原位，从而完成一次吸液过程。

微量移液器有单道移液器和多道移液器，移动的液体以微升为基本单位。在操作过程中因空气的进出介入相关动作，都会影响实验的精确度，故必须考虑温度、密闭性、轴心移动速度、试剂的蒸气等因素。移液方法分为正向吸液与反向吸液。正向吸液是指正常的吸液方式，操作时吸液可将按钮按到第一档吸液，释放按钮。放液时先按下第一档，打出大部分液体，再按下第二档，将余液排出。反向吸液是指吸液时将按钮直接按到第二档再释放，这样会多吸入一些液体，打出液体时只要按到第一档即可。多吸入的液体可以补偿吸头内部的表面吸附，反向吸液一般与预润湿吸液方式结合使用，用于黏稠液体和易挥发液体。

（1）操作步骤

① 选择合适的微量可调移液器

按实际吸取液体的体积选择合适的微量可调移液器，右手握住移液器，拇指放在"取液及刻度调节复合按钮"或"取液按钮"上，"褪管按钮"朝向身体内侧。

② 吸头安装

单道移液器采用旋转安装法安装吸头，即把移液器顶端插入吸头，在轻轻用力下压的同时，把手中的移液器沿逆时针方向旋转180°，切记用力不能过猛。多道移液器装配吸头时，将移液器的第一道对准第一个吸头，倾斜插入，前后稍许摇动上紧，吸头插入后略超过O形环即可。

③ 容量设置

容量设置分为两个步骤——粗调和微调。第一步粗调是通过调节按钮将容量值迅速调节至接近所需值；第二步细调是当容量值接近所需值后，将移液器水平放置，通过调节轮慢慢地将容量值调至所需值，从而避免视觉误差所造成的影响。

④ 吸液

先将移液器排放按钮按至第一档，再将吸头垂直浸入液面，将枪头插入液面下2~3 mm，平稳松开按钮，切记不能过快。使移液器吸嘴垂直进入液面下1~6 mm，即0.1~10 μL容量的移液器进入液面下1~2 mm，10~200 μL容量的移液器进入液面下2~3 mm，1~5 mL容量的移液器进入液面下3~6 mm。使控制钮缓慢滑回原位，切记不能过快。移液器移出液面前略等待1～3 s：1000 μL以下停顿1 s，5～10 mL停顿2～3 s。缓慢取出吸嘴，确保吸嘴外壁无液体。

⑤ 放液

将吸嘴以一定角度抵住容器内壁；缓慢将控制钮按至第一档并等待1～3 s；将控制钮按至第二档的过程中，吸嘴将剩余液体排净（如果这样操作还有残留液体，就应该考虑更换吸头了）；慢放控制钮；按压弹射键弹射出吸嘴。

⑥ 褪去吸头

按褪管按钮，褪掉吸头即可。褪掉的吸头一定不能和新吸头混放，以免发生交叉污染。

（2）移液器检查法

下面介绍对移液器进行快速检查的一种简单方法，通过检查，来判断移液器是否处于一种正常的工作状态。

① 测漏

首先，取一透明容器，装上水，将需要测试的移液器装上吸头，吸上水，2～200 μL的移液器，将吸头浸入液面1～2 mm，静待20 s，观察吸头内部液面是否下降，若下降，就说明移液器出现了漏气现象；1000 μL～10 mL的移液器，将吸头朝下悬垂20 s，观察是否有液体下滴，如果有，说明移液器出现了漏气现象。

② 查找故障原因

首先，检查吸头安装是否到位，换掉吸头再次测试，以排除因吸头的关系产生的漏气情况；接着，检查白套筒的端口部分（即白套筒与吸头接触的部分）是否有刮痕；然后，再检查白套筒与手柄之间的连接螺帽是否松动。如果这些情况都没有，就说明密封圈或活塞组件有损坏。

③ 检查外观

按动排放按钮，感觉是否顺畅；听是否有噪音；观察排放杆是否有弯曲部分；旋转调节按钮，观察计数器的读数是否有偏差。

2. 容量瓶的操作

（1）检查容量瓶是否漏水的操作

容量瓶使用之前必须检查是否漏水。方法是：加自来水至标线附近，盖好瓶塞后，用左手食指按住塞子，其余手指拿住瓶颈标线以上部分，右手用指尖托住瓶底，将瓶倒立2分钟，观察瓶塞周围是否渗水，然后将瓶直立，如图2-5，将瓶塞转动180°后再盖紧，再倒立2分钟，若仍不渗水，即可使用。用橡皮筋将塞子系在瓶颈上（图2-6），防止玻璃磨口塞污染或搞错。

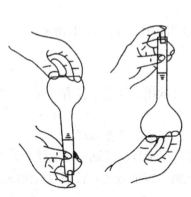

图2-5 检查容量瓶是否漏水

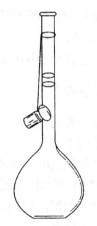

图2-6 将塞子系在瓶颈

（2）用容量瓶配制溶液的操作

① 用容量瓶配制标准溶液

用容量瓶配制标准溶液时，将准确称取的固体物质置于小烧杯中，加水或其他溶剂将固体溶解（注意搅拌溶解时玻璃棒不要与烧杯碰撞），然后将溶液定量转入容量瓶中。定量转移溶液时，一手拿玻璃棒，一手拿烧杯，在瓶口上慢慢将玻璃棒从烧杯中取出，并将玻璃棒插入容量瓶瓶口中（但不要与瓶口接触），棒的下端靠在瓶颈内壁上，再让烧杯嘴紧靠玻璃棒（注意烧杯嘴离容量瓶口不要太远），慢慢倾斜烧杯，使溶液沿玻璃棒流入容量瓶中（见图2-7）。烧杯中溶液流完后，在烧杯仍紧靠玻璃棒的情况下，将烧杯沿玻璃棒轻轻上提，同时将烧杯直立，使玻璃棒和烧杯之间附着的液滴流回烧杯中，再将玻璃棒末端残留的液滴靠入瓶口内。在瓶口上方将玻璃棒放回烧杯内，但不得将玻璃棒靠在烧杯嘴一边。用少量蒸馏水冲洗烧杯3～4次，洗出液按上法全部转移入容量瓶中，然后用蒸馏水稀释。稀释到容量瓶容积的2/3时，直立沿同一方向充分旋摇容量瓶，使溶液初步混合（此时切勿加塞倒立容量瓶），最后继续稀释至接近标线0.5～1 cm处时，等待1～2分钟使附在瓶颈内壁的溶液流下后，改用滴管逐渐加水至弯月面恰好与标线相切（热溶液应冷至室温后才能稀释至标线）。盖上瓶塞，用左手食指按住塞子，其余手指拿住瓶颈标线以上部分，右手用指尖托住瓶底，将瓶倒转并摇动，待气泡上升到顶部后，再倒转过来，如此反复多次，使溶液充分混合均匀。

② 用容量瓶稀释溶液

用容量瓶稀释溶液，则用移液管移取一定体积的

图2-7 转移溶液至容量瓶

溶液于容量瓶中，按照以上同样的操作进行稀释。

3. 配制溶液

按以上操作配制 0.01 mol/L HCl 溶液与 0.01 mol/L NaOH 溶液。

【注意事项】

1. 通常不要把残留在移液管尖的液体吹出，如管上注有"吹"字样，则要将管尖的液体吹出。

2. 移液管润洗时，不要使溶液回流，以免溶液被稀释。

3. 热溶液应冷却至室温后，才能稀释至标线，否则可造成体积误差。

4. 需避光的溶液应用棕色容量瓶配制。容量瓶不宜长期存放溶液，应转移到磨口试剂瓶中保存。

5. 容量瓶及移液管等有刻度的精确玻璃量器，均不宜放在烘箱中烘烤。

6. 容量瓶如长期不用，磨口处应洗净擦干，并用纸片将磨口隔开。

7. 微量移液器安装吸头时，用移液器反复撞击吸头来上紧吸头的方法是非常不可取的，长期这样操作，会导致移液器中的零部件因强烈撞击而松散，甚至会导致调节刻度的旋钮卡住。

8. 使用微量移液器时，为使测量准确可将吸嘴预洗 3 次，即反复吸排液体 3 次。这样做是为了让吸头内壁形成一道同质液膜，确保移液工作的精度和准度，使整个移液过程具有极高的重现性。其次，在吸取有机溶剂或高挥发液体时，挥发性气体会在白套筒室内形成负压，从而产生漏液现象，这时就需要预洗 4～6 次，让白套筒室内的气体达到饱和，负压就会自动消失。

9. 移液器使用完毕，应将刻度调至最大量程，让活塞弹簧恢复原状，以确保移液器的正常使用寿命。

【问题与思考】

1. 用容量瓶配制溶液前应先检查什么？

2. 简述用容量瓶配制一定浓度的溶液的步骤。

3. 如何安装微量移液器的移液头？

技能3 滴定操作

【方法提要】

滴定管是滴定时准确测量标准溶液体积的量器。滴定管一般分为两种：一种是酸式滴定管，用于盛放酸类溶液或氧化性溶液；另一种是碱式滴定管，用于盛放碱类溶液，不能盛放氧化性溶液（如高锰酸钾溶液、碘水和硝酸银溶液等）。酸式滴定管在管的下端带有玻璃旋塞，碱式滴定管在管的下端连接一橡皮管，内放一玻璃珠，以控制溶液的流出，橡皮管下端再连接一个尖嘴玻璃管。常量分析的滴定管容积有50 mL和25 mL，最小刻度为0.1 mL，读数可估计到0.01 mL。

滴定分析法是将滴定液滴加到待测物质的溶液中，直到反应完全，根据滴定液的浓度和消耗的体积，计算被测组分含量的分析方法。准确测量溶液的体积是获得良好分析结果的重要条件之一，因此，必须掌握滴定管的洗涤和使用方法。

在HCl溶液与NaOH溶液进行相互滴定的过程中，若采用同一种指示剂指示终点不断改变被滴定溶液的体积，则滴定剂的用量也随之变化，但它们相互反应的体积之比应基本不变。因此，在不知道HCl和NaOH溶液准确浓度的情况下，通过计算 V_{HCl}/V_{NaOH} 的精度，可以检查实验者对滴定操作技术和判断终点掌握的情况。

1. 滴定管的洗涤

滴定管在使用前必须洗涤干净，洗净的器皿，其内壁被水润湿而不挂水珠。可先用自来水冲洗或洗涤剂冲洗。如上述方法仪器仍不能洗涤干净，可在管中加入洗液（一般用铬酸洗液）洗涤。用铬酸洗液洗涤滴定管的方法如下：

洗涤开始，酸式滴定管先检查活塞上的橡皮筋是否扣牢，防止洗涤时滑落破损；注意有无漏水或堵塞现象，若有则予以调整。关闭活塞，向滴定管中小心倒入铬酸洗液5～10 mL（酸式滴定管可直接在管中加入洗液浸泡，而碱式滴定管则先要去掉橡皮管，接上一小段塞有短玻璃棒的橡皮管），然后将滴定管倾斜并慢慢转动滴定管，使其内壁全部被洗液润湿，再将洗液由尖嘴放出，倒回原洗液瓶中。如仪器内部被沾污严重，可将洗液充满仪器浸泡数分钟或数小时后，将洗液倒回原瓶，用自来水把残留在仪器上的洗液冲洗干净，然后再用少量蒸馏水润洗2～3次。如壁上还挂有水珠，说明未洗净，必须重洗。

2.酸式滴定管活塞涂凡士林操作

酸式滴定管使用前应检查：

（1）玻璃活塞转动是否灵活；

（2）是否漏水。

如果活塞转动不灵活或漏水，必须在塞子与塞槽内壁涂少许凡士林。

涂凡士林的方法是：将滴定管平放在实验台上，取下活塞，用滤纸将活塞和活塞套的水吸干净（图2-8）之后，用手指沾少量凡士林，在活塞粗的一端，四周涂一薄层（图2-9），注意不要涂多；在活塞槽细的一端，将凡士林涂在活塞槽内壁上。然后将活塞插入槽内（图2-10），转动活塞时，应有一定的向活塞小头部分方向挤的力，以免来回移动活塞，使孔受堵。直到从活塞外面观察，活塞中油膜均匀透明。最后将橡皮圈套在活塞的小头沟槽上。若发现仍转动不灵活，或活塞内的油层出现纹路，表示涂油不够。如果有油从活塞缝隙溢出或挤入活塞孔，表示涂油太多，这些情况都必须重新擦净涂油。

图2-8 擦干活塞内壁　　　图2-9 涂油　　　图2-10 活塞安装

3.滴定管试漏

试漏的方法是先将活塞关闭，在滴定管内充满水，将滴定管夹在滴定管夹上。放置2分钟，观察管口及活塞两端是否有水渗出；将活塞转动180°，再放置2分钟，看是否有水渗出。若前后两次均无水渗出，活塞转动也灵活，即可使用。否则应将活塞取出，重新涂凡士林后再使用。

碱式滴定管使用前应检查橡皮管是否老化、变质；玻璃珠是否适当，玻璃珠过大，则不便操作；过小，则会漏水。

4.滴定操作

（1）操作溶液的装入

先将操作溶液摇匀，使凝结在瓶壁上的水珠混入溶液。用该溶液润洗滴定管2～3次，每次10～15 mL，双手拿住滴定管两端无刻度部位，在转动滴定管的同时，使溶液流遍内壁，再将溶液由流液口放出，弃去。操作液应直接倒入滴定管中，不可借助漏斗、烧杯等容器来转移。

（2）气泡的检查及排除

滴定管充满操作液后，应检查管的出口下部尖嘴部分是否充满溶液，如果留有气泡，需要将气泡排除。

酸式滴定管排除气泡的方法是：右手拿滴定管上部无刻度处，并使滴定管倾斜30°，左手迅速打开活塞，使溶液冲出管口，反复数次，即可达到排除气泡的目的。

碱式滴定管排除气泡的方法是：将碱式滴定管垂直地夹在滴定管架上，左手拇指和食指捏住玻璃珠部位，使胶管向上弯曲并捏挤胶管，使溶液从管口喷出，即可排除气泡，如图2-11。

（3）滴定管的操作

使用酸式滴定管时，左手握滴定管，无名指和小指向手心弯曲，轻轻贴着出口部分，其他三个手指控制活塞，手心内凹，以免触动活塞而造成漏液。使用碱式滴定管时，左手握滴定管，拇指和食指指尖捏挤

图2-11　滴定管排气泡方法

玻璃珠周围一侧的胶管，使胶管与玻璃珠之间形成一个小缝隙，溶液即可流出。注意不要捏挤玻璃珠下部胶管，以免空气进入而形成气泡影响读数。滴定操作通常在锥形瓶内进行。滴定时，用右手拇指、食指和中指拿住锥形瓶，其余两指辅助在下侧，使瓶底离滴定台2～3 cm，滴定管下端伸入瓶口内约1 cm，左手握滴定管（图2-12），边滴加溶液，边用右手摇动锥形瓶，使滴下去的溶液尽快混匀，如图2-13。摇瓶时，应微动腕关节（要求手腕动而手臂不动），使溶液向同一方向旋转。

有些样品宜在烧杯中滴定，将烧杯放在滴定台上，滴定管尖嘴伸入烧杯左后约1 cm，不可靠壁，左手滴加溶液，右手拿玻璃棒搅拌溶液。玻璃棒做圆周搅动，不要碰到烧杯壁和底部。滴定接近终点时所加的半滴溶液可用玻璃棒下端轻轻沾下，再浸入溶液中搅拌。注意玻璃棒不要接触管尖，如图2-14。

在滴定过程中，无论哪种滴定管都必须掌握不同的滴加速度，即开始时连续滴加（注意不能使液滴变成液柱，一般不超过每分钟10 mL），接近终点时，改为每加一滴摇匀（或搅匀），最后每加半滴摇匀（或搅匀）。

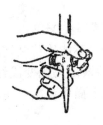　　

图2-12　左手旋转活塞方法　　图2-13　酸式滴定管的操作　　图2-14　碱式滴定管的操作

（4）半滴的控制和吹洗

使用半滴溶液时，轻轻转动活塞或捏挤胶管，使溶液悬挂在出口管嘴上，形成半滴，用锥形瓶内壁将其沾落，再用洗瓶吹洗锥形瓶内壁。

（5）滴定管的读数方法

对于常量滴定管，读数必须读到毫升小数后第二位，即要求估计到0.01 mL。为了减小读数误差应注意：读数时滴定管应垂直固定。注入或放出溶液后稍等1～2分钟，待附在内壁的溶液流下后再开始读数；读数时视线必须与所读的液面处于同一水平面上。对于无色或浅色溶液，应读取溶液弯月面下缘最低点的刻度；对于深色溶液如高锰酸钾、碘溶液等，读数时，视线应与液面两侧的最高点相切，即读取视线与液面两侧的最高点呈水平处的刻度。初读数与终读数必须按同一方法读取。

5. 自动归零滴定管

采用自动归零滴定管（图2-15）滴定，便于操作，其操作如下：

（1）确认滴定管旋钮是关闭的；

（2）填充溶液，挤压塑料瓶，瓶中压力增加，溶液沿引流管输送到玻璃滴定管；

（3）液体到达上方零点时，多余的液体经由引流/回流管回到塑料瓶内；

（4）首次滴定时，先打开滴定管旋钮流出一些液体，以排除滴定管尖的液体，然后再重复步骤（2），使滴定管归零；

（5）调整滴定旋钮，控制滴定量，开始滴定。

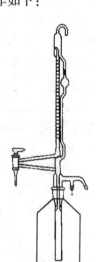

图2-15 自动归零滴定管

6. 滴定

（1）NaOH溶液滴定HCl溶液

将碱式滴定管检漏、洗净后，用少量0.1 mol/L NaOH溶液润洗2～3次，将0.1 mol/L NaOH溶液直接倒入滴定管至"0"刻度以上（不可借助漏斗、烧杯等容器来转移），排除气泡，调整至0.00刻度。

取洗净的25 mL移液管1支，用少量0.1 mol/L HCl溶液润洗2～3次，移取0.1 mol/L HCl溶液25.00 mL，置于洁净的250 mL锥形瓶中（不能用待装溶液润洗），加2滴酚酞指示剂。用0.1 mol/L NaOH溶液滴定至溶液由无色变浅红色，30 s不褪色，即为终点，记录NaOH溶液的用量。重复以上操作数次，每次消耗的NaOH溶液体积相差不得超过0.04 mL。

（2）HCl 溶液滴定 NaOH 溶液

将酸式滴定管的活塞涂油、检漏、洗净后，用少量 0.1 mol/L HCl 溶液荡洗 2～3 次，装入 0.1 mol/L HCl 溶液至 "0" 刻度以上，排除气泡，调整至 0.00 刻度。取洗净的 25 mL 移液管 1 支，用少量 0.1 mol/L NaOH 溶液荡洗 2～3 次，移取 0.1 mol/L NaOH 溶液 25.00 mL，置于洁净的 250 mL 锥形瓶中（不能用待装溶液润洗），加 2 滴甲基橙指示剂，用 0.1 mol/L HCl 溶液滴定至溶液由黄色变为橙色，30 s 不褪色，即为终点。重复以上操作数次，每次消耗的 NaOH 溶液体积相差不得超过 0.04 mL。

【数据记录与处理】

表 2-3　滴定数据

项　目 ＼ 编　号	I	II	III
$V_{NaOH初}$/mL			
$V_{NaOH终}$/mL			
V_{NaOH}/mL			
$V_{HCl初}$/mL			
$V_{HCl终}$/mL			
V_{HCl}/mL			
V_{HCl}/V_{NaOH}			
相对平均偏差			

【注意事项】

1. 最好每次滴定都从 0.00 mL 开始，或从接近 0.00 mL 的任一刻度开始，这样可减小滴定误差。

2. 滴定速度：不要成流水线，近终点时，半滴操作—洗瓶冲洗。

3. 滴定时，要观察滴落点周围颜色的变化，不要去看滴定管上的刻度变化。

4. 滴定管、移液管和量瓶是带有刻度的精密玻璃量器，不能用直火加热或放入干燥箱中烘干，也不能装热溶液，以免影响测量的准确度。

5. 加压时缓慢按压 3～5 次，并等压力稳定后再加压，同时注意滴定管内溶液是否接近零点。

【问题与思考】

1. 滴定管、移液管在装入溶液前为何需用少量待装液润洗2～3次？用于滴定的锥形瓶是否需要干燥？是否需用待装液荡洗？为什么？

2. 为什么同一次滴定中，滴定管溶液体积的初、终读数应由同一操作者读取？

3. HCl和NaOH溶液能直接配制准确浓度吗？为什么？

4. 在滴定分析实验中，滴定管和移液管为何需用滴定剂和待移取的溶液润洗几次？锥形瓶是否也要用滴定剂润洗？

5. HCl和NaOH溶液定量反应完全后，生成NaCl和水，为什么用HCl滴定NaOH时，采用甲基橙指示剂，而用NaOH滴定HCl时，使用酚酞或其他合适的指示剂？

技能4　溶液电导率的测定

【方法提要】

1.溶液电导率测量的基本原理

电导率是以数字表示溶液传导电流的能力。纯水的电导率很小，当水中含有无机酸、碱、盐或有机带电胶体时，电导率就增加。水溶液的电导率取决于带电荷物质的性质和浓度、溶液的温度和黏度等，通常用电导率来表示水的纯净度。

电导率的单位是西门子每米（S/m），其他单位有：S/cm，μS/cm，单位间换算为：

$$1\ S/m=0.01\ S/cm=10000\ μS/cm$$

电导率测量仪的测量原理是将两块平行的极板，放到被测溶液中，在极板的两端加上一定的电压（通常为正弦波电压），然后测量极板间流过的电流。根据欧姆定律，电导率（G）——电阻（R）的倒数可以由电压和电流来确定。

DDS-11A型电导率仪是实验室电导率测量常用仪表，除了能测定一般液体的电导率外，还能满足测量高纯水电导率的需要。DDS-11A型电导率仪的面板如图2-16所示。

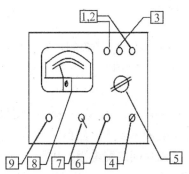

1,2.电极接线柱；3.电极屏蔽线接线柱；4.校正测量换挡开关；5.范围选择器；
6.校正调节器；7.电源开关；8.指示电表 9.指示灯

图2-16　DDS-11A型电导率仪外表

2.电导率仪的使用方法

（1）未开电源开关前，观察表针是否指零，可调整表头上的螺丝，使表针指零。

（2）将校正测量开关扳在"校正"位置。

（3）插接电源线，打开电源开关，并预热数分钟（待指针完全稳定下来为止），调节"调整"调节器使电表指示满刻度。

（4）当使用（1）～（8）量程来测量电导率低于 300 μS/cm 的液体时，选用"低周"，这时将高/低周开关扳向"低周"即可。当使用（9）～（12）量程来测量电导率在 300 μS/cm 至 10 S/cm 范围内的液体时，则将开关扳向"高周"。

（5）将量程选择开关扳到所需要的测量范围，如预先不知被测溶液电导率大小，应先把其扳到最大电导率测量挡，然后逐渐下降，以防表针打弯。

（6）电极的使用：使用时用电极夹夹紧电极的胶木帽，并把电极夹固定在电极杆上。

① 当被测溶液的电导率低于 10 μS/cm 时，使用 DJS-1 型光亮铂电极，这时应把"电极常数补偿调节器"调节在所配套电极常数相对应的位置上。例如，配套电极常数为 0.95，则应将其调节到 0.95 位置上，若配套电极常数为 1.1，则应调节在 1.1 位置上。

② 当被测溶液的电导率在 10～10^4 μS/cm 范围时，使用 DJS-1 型铂黑电极，这时应把"电极常数补偿调节器"调节在所配套电极常数相对应的位置上。

③ 当被测溶液的电导率大于 10^4 μS/cm 时，选用 DJS-10 型铂黑电极。这时应把"电极常数补偿调节器"调节在所配套电极常数的 1/10 位置上。例如配套电极常数为 9.5，则应把其调节到 0.95 位置，再将所得读数乘以 10，即为被测液的电导率。

（7）将电极插头插入电极插口内，旋紧插口上的紧固螺母，再将电极浸入待测溶液中。

（8）接着校正〔当用（1）～（8）量程测量时，校正扳到低周；当用（9）～（12）量程测量时，则校正扳到"高周"〕，扳到"校正"，调节校正调节器，使指示在满刻度。

（9）当用（0～0.1）或（0～0.3）μS/cm 这两挡测量高纯水电导率时，先把电极引线插入电极插孔，在电极未浸入溶液前，调节电容补偿调节器使电表指示为最小值（此最小值即电极铂片间的漏电阻，由于此漏电阻的存在，使得调电容补偿调节器时电表指针不能达到零点），然后开始测量。

3. 电导率在日常生活中的应用

四楼以上的住户，由顶层蓄水箱供水，易造成二次污染，检测电导率的变化，可确定清洗蓄水箱的时间。

洗衣机应放多少洗衣粉，用电导率仪检测可将经验数字化。执行清洗程序后，排水前检测的示值与自来水一样即可视为清洗干净，若示值超过自来水，则应减少洗衣粉的投放量。

水果、蔬菜用水浸泡，测其电导率，若偏高，可怀疑有化学污染，应引起重视。

游泳池可测池水清洁度的变化，值过高应引起重视。

深井水若示值达 600 μS/cm 以上，说明杂质含量过高。

每个地区，由于管道及水源不同，电导率不同。北方硬水含钙、镁离子，电导率偏高，会结水垢；一般硬水的电导率达 300 μS/cm 则结垢，超硬水（苦咸水）的电导率大于 800 μS/cm，会严重结垢。

花肥首次按规定配制后，可测其值，用该数字可方便今后配制。

金鱼缸用水，可测其值，知其洁净程度。若数值上升过大，应及时换水。

海鱼养殖用水，可测其值，以便今后配制和检测。

【操作步骤】

取 100 mL 0.02 mol/L KCl 溶液供逐步稀释和测量用，方法如下：

取两个洁净的 100 mL 容量瓶和一支 50 mL 移液管。将容量瓶 A 和移液管用待测的 0.02 mol/L KCl 溶液润洗 2～3 次后，装入 100 mL 0.02 mol/L KCl 溶液，用移液管吸取 50 mL 溶液至容量瓶 B 中，并用蒸馏水稀释至刻度，即成 0.01 mol/L 的 KCl 溶液，供二次测量和稀释用。取容量瓶中剩下的 0.02 mol/L KCl 溶液润洗电导池后，充满，测量其电导率。测后弃余液并洗净 A 容量瓶，用蒸馏水润洗 2～3 次。再用 B 容量瓶的溶液润洗移液管后，移取 B 容量瓶中溶液 50 mL 放入 A 容量瓶中，用蒸馏水稀释至刻度，得到 0.005 mol/L 的 KCl 溶液，供第三次测量和稀释用。重复以上操作，分别测定 0.02 mol/L、0.01 mol/L、0.005 mol/L、0.0025 mol/L、0.00125 mol/L 的 KCl 溶液的电导率。

用上述同样方法测定 0.02 mol/L 的 HAc 溶液的电导率，并依次稀释四次，共测 5 个浓度的 HAc 溶液的电导率。

洗净并用蒸馏水润洗电导池，再测定蒸馏水的电导率。

【注意事项】

1.测量时需将"电极常数补偿调节器"调节在所配套电极常数相对应的位置上。

2.若要了解测量过程中电导率的变化情况，把 10 mV 输出接至自动电子电位差即可。

【问题与思考】

1.什么叫溶液的电导、电导率和摩尔电导率?

2.影响摩尔电导率的因素有哪些?

3.为什么本实验要用铂电极?

技能5　pH计的使用

【方法提要】

1. pH玻璃电极的结构（图2-17）

玻璃电极使用前，必须在水中浸泡，使之生成一个三层结构，即中间的干玻璃层和两边的水化硅胶层。

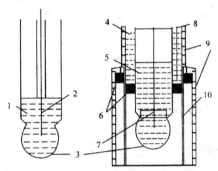

1. 0.1 mol·L⁻¹ HCl；2. Ag-AgCl电极；3. 玻璃薄膜；4. 外参比液；5. 内参比液；
6. 密封圈；7. 内参比电极；8. 外参比电极；9. 外壳；10. 护套

图2-17　pH玻璃电极的结构

2. 响应机理（膜电位的产生）

当球状玻璃膜的内外玻璃表面与水溶液接触时，Na_2SiO_3晶体骨架中的Na^+与水中的H^+发生交换：

$$G^-Na^+ + H^+ = G^-H^+ + Na^+$$

因为平衡常数很大，因此，玻璃膜内外表层中的Na^+的位置几乎全部被H^+所占据，从而形成所谓的"水化层"。水化层表面可视作阳离子交换剂。溶液中H^+经水化层扩散至干玻璃层，干玻璃层的阳离子向外扩散以补偿溶出的离子，离子的相对移动产生扩散电位，两者之和构成膜电位。

3. 用电位法测定溶液的pH值

以玻璃电极为指示电极，饱和甘汞电极为参比电极，并将二者与被测溶液组成原电池。用电位法测定溶液的pH值时，$E_{电池} = K + 0.05916\,pH$。由于K是无法测量的，可以在相同条件下测pH值与之相近的标准缓冲溶液的pH值，$E_s = K + 0.0592\,pH$，再通过两式来消除K，从而求得

$$pH_x = pH_s + (E_s - E_x) / 0.05916\,V$$

【操作步骤】

1. 在测定溶液pH值时，将pH电极、参比电极和电源分别插入相应的插座中。将功能开关拨至pH位置。

2. 仪器接通电源预热30分钟（预热时间越长越稳定）后，将pH6.86的标准溶液2~5 mL倒入已用水洗净并干燥的塑料烧杯中，洗涤烧杯和复合电极后倒掉，再加入20 mL pH6.86的标准溶液于塑料烧杯中，将复合电极插入溶液中，用仪器定位旋钮，平衡一段时间（主要考虑电极电位的平衡），待读数稳定后，调节定位调节器，使仪器显示6.86。

3. 用蒸馏水冲洗电极并用吸水纸擦干后，将pH4.00的标准溶液2~5 mL倒入另一个塑料烧杯中，洗涤烧杯和复合电极后倒掉，再加入20 mL pH 4.00的标准溶液，将电极插入pH 4.00的标准缓冲溶液中，待读数稳定后，调节斜率调节器，使仪器显示4.00，仪器就校正完毕。

为了保证精度建议以上两个标定步骤重复2次。一旦仪器校正完毕，"定位"和"斜率"调节器不得有任何变动，每次都需将仪器温度补偿旋钮调到所测的温度值下。

4. 用蒸馏水冲洗电极并用吸水纸擦干后，插入样品溶液中进行测量。测定偏碱性的溶液时，应用pH6.86的标准缓冲溶液和pH9.18的标准缓冲溶液来校正仪器。为了保证pH值的测量精度，要求每次使用前必须用标准溶液加以校正。校正时标准溶液的温度与状态（静止还是流动）和被测液的温度与状态要应尽量一致。在使用过程中，遇到下列情况时仪器必须重新标定：

（1）换用新电极；

（2）"定位"或"斜率"调节器变动过。

5. 用温度计测定待测液温度，并将仪器温度补偿调至所测温度。

6. 用已定位的pH计测量待测未知液（最好事先用与其pH接近的标准缓冲溶液标定，测得的值会更加精确）。

按以上步骤分别测定HCl-KCl溶液、HAc-NaAc溶液、$NH_3-NH_4^+$溶液的pH值。

【注意事项】

1. 仪器的输入端（包括玻璃电极插座与插头）必须保持干燥、清洁。

2. 新玻璃pH电极或长期干储存的电极，在使用前应在pH浸泡液中浸泡24小时才能使用。pH电极在停用时，应将电极的敏感部分浸泡在pH浸泡液中。这对改善电极响应速度和延长电极寿命是非常有利的。

3. pH浸泡液的正确配制方法：取pH4.00缓冲剂（250 mL）包，溶于250 mL纯水中，再加入56 g分析纯KCl，适当加热，搅拌至完全溶解即成。

4. 在使用复合电极时，溶液一定要超过电极头部的陶瓷孔。电极头部若沾污可用医用棉花轻擦。复合电极应避免和有机物接触，一旦接触或沾污要用无水乙醇清洗干净。

5. 玻璃pH电极和甘汞电极在使用时，必须注意内电极与球泡之间及参比电极内陶瓷芯附近是否有气泡存在，如有必须除去。

6. 用标准溶液标定时，首先要保证标准溶液的精度，否则将引起严重的测量误差。

7. 忌用浓硫酸或铬酸洗液洗涤电极的敏感部分。不可在无水或脱水的液体（如四氯化碳、浓酒精）中浸泡电极。不可在碱性或氟化物的体系、黏土及其他胶体溶液中放置时间过长。

8. 一般情况下，pH计在连续使用时，每天要标定一次；一般在24小时内仪器不需再标定。

9. 测量时，电极的引入导线应保持静止，否则会引起测量不稳定。

10. 电极应与输入阻抗较高的pH计（$\geqslant 10^{12}$ Ω）配套，以使其保持良好的特性。

11. 配制pH 6.86和pH 9.18的缓冲液所用的水，应预先煮沸15～30 min，除去溶解的二氧化碳。在冷却过程中应避免与空气接触，以防止二氧化碳的污染。

12. 复合电极的外参比补充液为3 mol/L KCl溶液，补充液可以从电极上端小孔加入，复合电极不使用时，拉上橡皮套，防止补充液干涸。复合电极的外参比补充液为3 mol/L KCl溶液（附件有小瓶一个，内装KCl粉剂若干，用户只需加入去离子水至瓶20 mL刻线处并摇匀，此溶液即为3 mol/L外参比补充液），补充液可以从上端小孔加入。

13. 电极经长期使用后，如发现斜率略有降低，则可把电极下端浸泡在4% HF（氢氟酸）中3～5 s，用蒸馏水洗净，然后在0.1 mol/L HCl溶液中浸泡，使之复新。

【问题与思考】

1. 玻璃pH电极和甘汞电极在使用时，若内电极与球泡之间及参比电极内陶瓷芯附近有气泡存在，如何除去？

2. 电极头部若沾污，如何清理干净？

3. 如何改善电极响应速度和延长电极寿命？

技能6 熔点的测定及温度计校正

【方法提要】

1.熔点

熔点是固体化合物固液两态在大气压力下达到平衡的温度，纯净的固体化合物一般都有固定的熔点，固液两态之间的变化是非常敏锐的，自初熔至全熔（称为熔程）温度不超过1℃。

加热纯化合物，当温度接近其熔点时，升温速度随时间变化约为恒定值（如图2-18）。

化合物温度不到熔点时以固相存在，加热使温度上升，达到熔点，开始有少量液体出现，而后固液相平衡，继续加热，温度不再变化，此时加热所提供的热量使固相不断转变为液相，两相间仍平衡，最后的固体熔化后，继续加热则温度线性上升。因此在接近熔点时，加热速度一定要慢，每分钟温度升高不能超过2℃，只有这样，才能使整个熔化过程尽可能接近于两相平衡条件，测得的熔点也越精确。

当含杂质时（假定两者不形成固溶体），根据拉乌耳定律可知，在一定的压力和温度条件下，在溶剂中增加溶质，导致溶剂蒸气分压降低（图2-19），固液两相交点 M' 即代表含有杂质化合物达到熔点时的固液相平衡共存点，$T_{M'}$ 为含杂质时的熔点，显然，此时的熔点较纯粹者低。

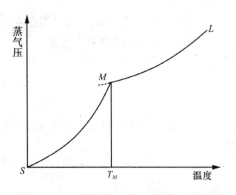

图2-18 相随时间和温度的变化

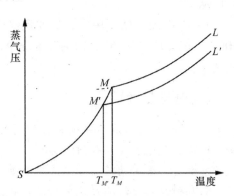

图2-19 物质蒸气压随温度变化曲线

2. 混合熔点

在鉴定某未知物时，如测得其熔点和某已知物的熔点相同或相近，不能认为它们为同一物质。还需把它们混合，测该混合物的熔点，若熔点仍不变，才能认为它们为同一物质。若混合物熔点降低，熔程增大，则说明它们属于不同的物质。因此混合熔点实验，是检验两种熔点相同或相近的有机物是否为同一物质的最简便方法。多数有机物的熔点都在400℃以下，较易测定。但也有一些有机物在其熔化以前就发生分解，只能测得分解点。

【操作步骤】

1. 毛细管法

（1）熔点管的制备

取内径约1 mm、长75 mm的毛细管（可自制或用市售毛细管），将其一端在酒精灯上封口，即制得熔点管。

（2）样品的装入

将少许样品放在干净的表面皿上，用玻璃棒将其研细并集成一堆。把毛细管开口一端垂直插入堆集的样品中，使一些样品进入管内，然后，把该毛细管垂直桌面轻轻上下振动，使样品进入管底，再用力在桌面上下振动，尽量使样品装得紧密。或将装有样品、管口向上的毛细管，放入长50～60 cm垂直桌面的玻璃管中，管下可垫一表面皿，使之从高处落于表面皿上（如图2-20a所示），如此反复几次后，可把样品装实，样品高2～3 mm。熔点管外的样品粉末要擦干净以免污染热浴液体。装入的样品一定要研细、夯实。填装时操作要迅速，防止样品吸潮，否则影响测定结果。

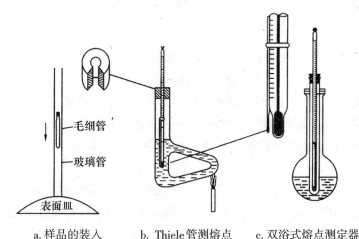

a. 样品的装入　　　b. Thiele管测熔点　　　c. 双浴式熔点测定器

图2-20　毛细管熔点测定示意图

（3）仪器装置

毛细管法中最常用的仪器是Thiele管（又叫b形管或熔点测定管，如图2-20b）。取一支b形管，固定在铁架台上，装入导热液（导热液一般用液体石蜡、硫酸或硅油等）至略高于支管口上沿。管口配一插有温度计的开槽塞子（也可将温度计悬挂），毛细管通过导热液紧附在温度计上，样品部分位于温度计水银球中部。并用橡皮圈将毛细管缚在温度计上（橡皮圈不能浸入导热液中）。调整温度计位置，使其水银球恰好在Thiele管两侧管的中部。

（4）测熔点

按图搭好装置，放入加热液（浓硫酸），用温度计水银球蘸取少量加热液，小心地将熔点管粘附于水银球壁上，或剪取一小段橡皮圈套在温度计和熔点管的上部（图2-20b）。将粘附有熔点管的温度计小心地插入加热浴中，以小火在图示部位加热。开始时升温速度可以快些，当传热液温度距离该化合物熔点10～15 ℃时，调整火焰使每分钟上升1～2 ℃，愈接近熔点，升温速度应愈缓慢，每分钟0.2～0.3 ℃。为了保证有充分时间让热量由管外传至毛细管内使固体熔化，升温速度是准确测定熔点的关键；另一方面，观察者不可能同时观察温度计所示读数和试样的变化情况，只有缓慢加热才可使此项误差减小。记下试样开始塌落并有液相产生时（初熔）和固体完全消失时（全熔）的温度读数，即为该化合物的熔距，固体熔化过程如图2-21所示。要注意在加热过程中试样是否有萎缩、变色、发泡、升华、炭化等现象，均应如实记录。

| 样品初始态 | 出现塌落 | 刚出现液滴 | 即将消失的晶体 | 液体 |

图2-21　固体熔化过程

熔点测定，至少要有两次的重复数据。每一次测定必须用新的熔点管另装试样，不得将已测过熔点的熔点管冷却，使其中的试样固化后再做第二次测定。因为有时某些化合物部分分解，有些经加热会转变为具有不同熔点的其他结晶形式。

如果测定未知物的熔点，应先对试样粗测一次，加热可以稍快，知道大致的熔距。待浴温冷至熔点以下30 ℃左右，再另取一根装好试样的熔点管做准确的测定。

熔点测定后，温度计的读数须对照校正图进行校正。

一定要等熔点浴冷却后，方可将硫酸（或液体石蜡）倒回瓶中。温度计冷却后，用纸擦去硫酸方可用水冲洗，以免硫酸遇水放热导致温度计水银球破裂。

（5）影响毛细管法测熔点的主要因素

①熔点管本身要干净，若含有灰尘，会产生4～10 ℃的误差。管壁不能太厚，封口要均匀。千万不能让封口一端发生弯曲或使封口端壁太厚。因此在毛细管封口时，毛细管沿垂直方向伸入火焰，且长度要尽量短，火焰温度不宜太高，最好用酒精灯，断断续续地加热，封口要圆滑，以不漏气为原则。

②样品一定要干燥，并要研成细粉末，往毛细管内装样品时，一定要反复墩实，管外样品要用卫生纸擦干净。

③用橡皮圈将毛细管缚在温度计旁，并使装样部分和温度计水银球处在同一水平位置，同时要使温度计水银球处于b形管两侧管中心部位。

④升温速度不宜太快，特别是当温度接近该样品的熔点时，升温速度更不能快。升温速度过快，热传导不充分，会导致所测熔点偏高。

2. 数字显微熔点仪测定法

使用数字显微熔点仪测定熔点，方便、准确、易于操作。以XT-4型熔点仪为例（图2-22），该熔点仪采用光电检测、数字温度显示等技术，具有初熔、全熔自动显示，可与记录仪配合使用，可进行熔化曲线自动记录。该仪器采用集成化的电子线路，能快速达到设定的起始温度，并具有六挡可供选择的线性升、降温速率自动控制，初熔、全熔读数可自动储存，无须监管。该熔点仪采用毛细管做样品管。

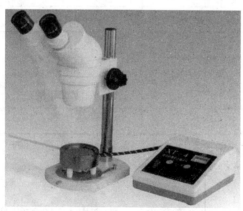

图2-22　XT-4型显微熔点测定仪

（1）开启电源开关，稳定20 min；

（2）通过拨盘设定起始温度，再按起始温度按钮，输入此温度，此时预置灯亮；

（3）选择升温速度，把波段开关旋至所需位置；

（4）当预置灯熄灭时，可插入装有样品的毛细管，此时初熔灯也熄灭；

（5）把电表调至零，按升温按钮，数分钟后初熔灯先亮，然后出现全熔读数显示；

（6）按初熔按钮，显示初熔读数，记录初熔温度、全熔温度；

（7）按降温按钮，使温度降至室温，最后切断电源。

3. 温度计校正

测熔点时，温度计上的熔点读数与真实熔点之间常有一定的偏差。这可能由于以下原因：首先，温度计的制作质量差，如毛细孔径不均匀，刻度不准确。其次，温度计有全浸式和半浸式两种，全浸式温度计的刻度是在温度计汞线全部均匀受热的情况下刻出来的，而测熔点时仅有部分汞线受热，因而露出的汞线温度较全部受热者低。为了校正温度计，可选用纯化合物的熔点作为标准或选用一标准温度计校正。

选择数种已知熔点的纯化合物为标准，测定它们的熔点，以观察到的熔点作纵坐标，测得的熔点与已知熔点差值作横坐标，画成曲线，即可从曲线上读出任一温度的校正值，温度计校正常用标准样品见表2-4。

表2-4　温度计校正常用标准样品

样品的名称	纯度	标准熔点/℃	样品的名称	纯度	标准熔点/℃
蒸馏水-冰		0	苯甲酰胺	A.R.	128
二苯胺	A.R.	54～55	尿素	A.R.	135
苯甲酸苯酯	A.R.	69	水杨酸	A.R.	159
萘	A.R.	80.55	对苯二酚	A.R.	173.4
间二硝基苯	A.R.	90	丁二酸（琥珀酸）	A.R.	189
乙酰苯胺	A.R.	114.3	3,5-二硝基苯甲酸	A.R.	205
苯甲酸	A.R.	122.5			

按以上步骤分别测定萘、苯甲酸、水杨酸的熔点。

【注意事项】

1. 熔点管必须洁净。如含有灰尘等，能产生4～10℃的误差。

2. 熔点管底未封好会产生漏管现象。

3. 样品一定要研得极细，才能使装样结实，这样受热时才均匀，如果有空隙，不易传热，影响结果，造成熔程变大。

4. 样品不干燥或含有杂质，会使熔点偏低，熔程变大。

5. 样品量太少不便观察，而且熔点偏低；太多会造成熔程变大，熔点偏高。

6. 升温速度应慢，让热传导有充分的时间。升温速度过快，熔点偏高。

7. 熔点管壁太厚，热传导时间长，会导致熔点偏高。

8. 使用硫酸做加热浴液要特别小心，不能让有机物碰到浓硫酸，否则使浴液颜色变深，有碍熔点的观察。若出现这种情况，可加入少许硝酸钾晶体共热使之脱色。采用浓硫酸做热浴，适用于测熔点在220 ℃以下的样品。若要测熔点在220 ℃以上的样品可用其他热浴液。

【问题与思考】

1. 测熔点时，若有下列情况将产生什么结果？

（1）熔点管壁太厚。

（2）熔点管底部未完全封闭，尚有一针孔。

（3）熔点管不洁净。

（4）样品未完全干燥或含有杂质。

（5）样品研得不细或装得不紧密。

（6）加热太快。

2. 加热的快慢为什么会影响熔点？

3. 是否可以使用第一次测熔点时已熔化了的有机化合物再做第二次测定？为什么？

技能7 折射率的测定

【方法提要】

折射率（Refractive Index）是液体有机化合物最重要的物理常数之一，能精确而方便地测出，作为液体物质纯度的标准，比沸点更为可靠。通过测定折射率可以判断有机化合物的纯度，也可以用来鉴定未知物。

在不同介质中，光的传播速度是不相同的，当光从一种介质射入另一种介质时，其传播方向会发生改变，这就是光的折射现象。根据折射定律，光线自介质 A 射入介质 B，其入射角 α 与折射角 β 的正弦之比和两种介质的折射率成反比。

$$\sin\alpha/\sin\beta = n_B/n_A$$

若设介质 A 为光疏介质，介质 B 为光密介质，则 $n_A < n_B$。换句话说，折射角 β 必小于入射角 α。

如果入射角 $\alpha=90°$，即 $\sin\alpha=1$，则折射角为最大值（称为临界角，以 β_0 表示）。折射率的测定都是在空气中进行的，但仍可近似地视作在真空状态之中，即 $n_A=1$。故有：

$$n=1/\sin\beta_0$$

因此，通过测定临界角 β_0，即可得到介质的折射率 n。通常，折射率用阿贝（Abbe）折光仪来测定，其工作原理就是光的折射现象。

由于入射光的波长、测定温度等因素对物质的折射率有显著的影响，因而其测定值通常要标注操作条件。例如，在 20 ℃条件下，以钠光 D 线波长（589.3 nm）的光线做入射光所测得的四氯化碳的折射率为 1.4600，记为 $n_D^{20}=1.4600$。由于所测数据可读至小数点后第四位，精确度高，重复性好，因而以折射率作为液态有机物的纯度标准甚至比沸点还要可靠。另外，温度对折射率的影响呈反比关系，通常温度每升高 1 ℃，折射率将下降 $3.5\times10^{-4}\sim5.5\times10^{-4}$。为了方便起见，在实际工作中常以 4×10^{-4} 近似地作为温度变化常数。例如，甲基叔丁基醚在 25 ℃时的折射率实测值为 1.3670，其校正值应为：

$$n_D^{20}=1.3670+5\times4\times10^{-4}=1.3690$$

【操作步骤】

1. 连接恒温水浴

先将阿贝折光仪（见图 2-23）置于有充足光线的平台上（但不可受日光直射），并装上温度计，连接 20 ℃±0.5 ℃恒温水浴至少半小时，以保持稳定温度，然后使折射棱镜上透光处朝向光源，将镜筒拉向观察者，使成一适当倾斜度，对准反射镜，使视野内光线最明亮为止。

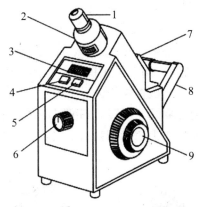

1. 可调目镜；2. 色散校正轮；3. 折射率和温度显示屏；4. 读数显示按钮；5. 温度显示按钮；
6. 模式选择按钮；7. 棱镜面；8. 照明臂；9. 折射率读数调节旋钮

图 2-23　电子显示 Abbe 折光仪

2. 清洗镜面

将上下折射棱镜拉开，用滴管吸取少量丙酮，滴在棱镜表面，清洗镜面，再用擦镜纸吸干、擦净，每次测定之前都需擦净棱镜的镜面。

3. 校准

阿贝折光仪使用之前先要进行校准，可用蒸馏水（n_D^{20}=1.33299）或标准玻璃块进行（标准玻璃块标有折射率）校准。

（1）用蒸馏水校准

① 将棱镜锁紧扳手松开，将棱镜擦干净（注意：用无水酒精或丙酮，用镜头纸擦干）。

② 用滴管将 2～3 滴蒸馏水滴入两棱镜中间，合上并锁紧。

③ 调节棱镜转动手轮，使折射率读数恰为 1.33299。

④ 从测量镜筒中观察黑白分界线是否与十字交叉处交点重合。若不重合，则调节刻度调节螺丝，使十字交叉处交点准确地和分界线重合。若视场出现色散，可调节微调手轮至色散消失。

（2）用标准玻璃块校准

① 松开棱镜锁紧扳手，将进光棱镜拉开。

② 在玻璃块的抛光底面上滴溴化萘（高折射率液体，$n_D^{20}=1.6600$），把它贴在折光棱镜的面上，玻璃块的抛光侧面应向上，以接收光线，使测量镜筒视场明亮。

③ 调节大调手轮，使折射率读数恰为标准玻璃块已知的折射率值。

④ 从测量镜筒中观察。若分界线不与十字交叉处交点重合，则调节螺丝使其重合。若有色散，则调节微调手轮消除色散。

4. 测定

分别测定正丁醇、乙酸乙酯、无水乙醇、柠檬烯的折射率。

用吸管蘸取样品1～2滴，滴于下棱镜面上，然后将上下棱镜关合并拉紧扳手。转动刻度尺调节钮，使读数在样品折射率附近，旋转补偿旋钮，使视野内虹彩消失，并有清晰的明暗分界线。再转动刻度尺的调节钮，使视野的明暗分界线恰位于视野内十字交叉处（见图2-24d），记下读数，即为样品的折射率，再重复测定2次。

a　　　　　b　　　　　c　　　　　d

图2-24　测折射率时目镜中常见的图案

【注意事项】

1. 仪器必须置于有充足光线和干燥的房间，不可在有酸碱气或潮湿的实验室中使用，更不可放置仪器于高温炉或水槽旁。

2. 大多数样品的折射率受温度影响较大，一般是温度升高折射率降低，但不同物质升高或降低的值不同，因此在测定时温度恒定至少半小时。

3. 上下棱镜必须清洁，勿用粗糙的纸或酸性乙醚擦拭棱镜，勿用折光仪测试强酸性或强碱性样品或有腐蚀性的样品。

4. 滴加样品时注意棒或滴管尖不要触及棱镜，防止棱镜产生划痕。加入量要适中，使在棱镜上生成一均匀的薄层，检品过多，会流到棱镜外；检品太少，会使视野模糊不清；勿使气泡进入样品，以免气泡影响折射率。

5. 读数时视野中的黑白交叉线必须明显，且明确地位于十字交叉线上，除调节色散补偿旋钮外，还应调整下部反射镜或上棱镜透光处的光亮强度。

6.测定挥发性液体时，可将上下棱镜关闭，将测定液沿棱镜进样孔流入，要随加随读，测固体样品或用标准玻片校正仪器时，只能将样品或标准玻片置于测定棱镜上，而不能关闭上下棱镜。

7.测定结束时，必须用能溶解样品的溶剂如水、乙醇或乙醚将上下棱镜擦拭干净、晾干，放入仪器箱内，并放入硅胶防潮。

8.在测定折射率时常见情况如图2-24所示，其中图2-24d是读取数据时的图案。当遇到图2-24a即出现色散光带时，则需调节棱镜微调旋钮直至彩色光带消失至呈图2-24b图案，然后再调节棱镜调节旋钮直至呈图2-24d图案；若遇到图2-24c，则是由于样品量不足所致，需再添加样品，重新测定。

9.如果读数镜筒内视场不明，应检查小反光镜是否开启。

【问题与思考】

1.什么是折射率？其数值与哪些因素有关？

2.使用阿贝折光仪应注意什么？

技能8 旋光度的测定

【方法提要】

对映体是互为镜像的立体异构体。它们的熔点、沸点、相对密度、折射率以及光谱等物理性质都相同，并且在与非手性试剂作用时，它们的化学性质也一样，唯一能够反映分子结构差异的性质是它们的旋光性不同。当偏振光通过具有光学活性的物质时，其振动方向会发生旋转，所旋转的角度即为旋光度（Optical Rotation）。

旋光性物质的旋光度和旋光方向可以用旋光仪来测定。旋光仪主要由一个钠光源、两个尼科尔棱镜和一个盛待测液的盛液管组成，如图2-25（1）所示。普通光先经过一个固定不动的棱镜（起偏镜）变成偏振光，然后通过盛液管，再由一个可转动的棱镜（检偏镜）来检验偏振光的振动方向和旋转角度。若使偏振光振动平面向右旋转，则称右旋；若使偏振光振动平面向左旋转，则称左旋。

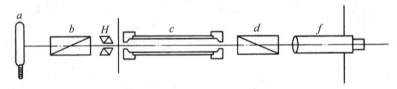

（1）旋光仪原理示意图

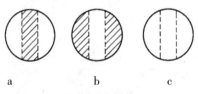

a   b   c

（2）三分视场

图2-25 旋光仪原理及三分视场示意图

光活性物质的旋光度与其浓度、测试温度、光波波长等因素密切相关。但是，在一定条件下，每一种光活性物质的旋光度为一常数，用比旋光度 $[\alpha]$ 表示：

$$[\alpha]_{\lambda}^{t} = \alpha /(c \cdot l)$$

其中，α 为旋光仪测试值；c 为样品溶液浓度，以1 mL溶液所含样品克数表示；l 为盛液管长度，单位为dm；λ 为光源波长，通常采用钠光源，以D表示；t

为测试温度。如果被测样品为液体，可直接测定而不需配成溶液。求算比旋光度时，只要将其相对密度值（d）代替上式中的浓度值（c）即可：

$$[\alpha]^t_\lambda = \alpha/(d \cdot l)$$

表示比旋光度时通常还需标明测定时所用的溶剂。为了准确判断旋光度的大小，测定时通常在视野中分出三分视场，如图2-25（2）。当检偏镜的偏振面与通过棱镜的光的偏振面平行时，通过目镜可观察到图2-25（2）b所示（中间明亮，两旁较暗）；当检偏镜的偏振面与起偏镜的偏振面平行时，可观察到图2-25（2）a所示（中间较暗，两旁明亮）；只有当检偏镜的偏振面处于$1/2\varphi$（半暗角）的角度时，视场内明暗才相等，如图2-25（2）c所示，这一位置作为零度，使标尺上0°对准刻度盘0°。

测定时，调节视场内明暗相等，以便观察结果准确。一般测定时选取较小的半暗角，由于人眼睛对弱照度的变化比较敏感，视野的照度随半暗角φ的减小而变弱，所以在测定中通常选几度到十几度的结果。

【操作步骤】

旋光仪有多种类型，现以数字式自动显示旋光仪为例，测定葡萄糖、果糖的旋光度，其操作方法如下：

1. 预热：打开旋光仪开关，使钠灯加热15 min，待光源稳定后，再按下"光源"键。

2. 旋光仪的零点校正：旋光仪接通电源，钠光灯发光稳定后（约5 min），将装满蒸馏水的测定管放入旋光仪中，校正目镜的焦距，使视野清晰。旋转手轮，调整检偏镜刻度盘，使视场中三分视场的明暗程度一致，读取刻度盘上所示的刻度值，反复操作两次，取其平均值作为零点（零点偏差值）。

3. 配制待测溶液：准确量取0.50 g/mL的葡萄糖和果糖样品10.00 mL，定容在100 mL容量瓶中配成溶液。

4. 装待测液：洗净测定管后，用少量待测液润洗2～3次，注入待测液，并使管口液面呈凸面。将护片玻璃沿管口边缘平推盖好（以免使管内留存气泡），装上橡皮垫圈，拧紧螺帽至不漏水（太紧会使玻片产生应力，影响测量）。用软布擦净测定管，备用（如有气泡，应赶至管颈突出处）。

5. 旋光度的测定：置盛液管于试样槽中，关上盖。按"测定"键，待数字显示屏（或刻度盘）读数稳定后读数。再复测两次，取其平均值，根据公式计算比旋光度。

6. 实验完毕，洗净测定管，再用蒸馏水洗净，擦干存放，注意镜片应用软绒布揩，勿用手触摸。

【注意事项】

1. 如果样品的比旋光度值较小，在配制待测样品溶液时，宜将浓度配得高一些，并选用长一点的测试盛液管，以便观察。

2. 温度变化对旋光度具有一定的影响。若在钠光（$\lambda=589.3$ nm）下测试，温度每升高 1 ℃，多数光活性物质的旋光度会降低 0.3% 左右。

3. 测试时，盛液管所放置的位置应固定不变，以消除因距离变化所产生的测试误差。

4. 若用纯液体样品直接测试，在测试前确定其相对密度即可。

【问题与思考】

1. 测定旋光性物质的旋光度有何意义？

2. 如何调节三分视场？

技能9 重结晶及过滤

【方法提要】

1.固体的溶解

溶解固体时，常用加热、搅拌等方法加大溶解速度。当固体物质溶解于溶剂时，如固体颗粒太大，可在研钵中研细。对一些溶解度随温度升高而增加的物质来说，加热对溶解过程有利。搅拌可加速溶质的扩散，从而加大溶解速度。搅拌时注意手持玻璃棒，轻轻转动，不要使玻璃棒触及容器底部及器壁。在试管中溶解固体时，可用振荡试管的方法加速溶解，振荡时不能上下，也不能用手指堵住管口来回振荡。

若用的溶剂是低沸点、易燃的，严禁在石棉网上直接加热，必须装上回流冷凝管，并根据其沸点的高低，选用热浴。若固体物质在溶剂中溶解较慢，需要较长加热时间，也要装上回流冷凝管，以免溶剂损失。溶解操作是将待重结晶的粗产物放入窄口容器中，加入比计算量略少的溶剂，然后逐渐添加至恰好溶解，最后再多加20%～100%的溶剂（溶剂的边缘量），将溶液稀释，否则乘热过滤时容易析出结晶。

2.结晶

（1）蒸发（浓缩）

当溶液很稀而所制备物质的溶解度又较大时，为了能从中析出该物质的晶体，必须通过加热，使水分不断蒸发，溶液不断浓缩。蒸发到一定程度时冷却，就可析出晶体。当物质的溶解度较大时，必须蒸发到溶液表面出现晶膜时才能停止。若物质的溶解度较小或高温时溶解度较大而室温时溶解度较小，此时不必蒸发到液面出现晶膜就可冷却。蒸发是在蒸发皿中进行，蒸发的面积较大，有利于快速浓缩。若无机物对热是稳定的，可以直接加热（应先预热），否则应用水浴间接加热。

（2）结晶与重结晶

大多数物质的溶液蒸发到一定浓度下冷却，就会析出溶质的晶体。析出晶体的颗粒大小与结晶条件有关。如果溶液的浓度较高，溶质在水中的溶解度随温度下降而显著减小，冷却得越快，析出的晶体越细小，否则就得到较大颗粒的结晶。搅拌溶液和静置溶液，可以达到不同的效果，前者有利于细小晶体的生成；

后者有利于大晶体的生成。如溶液容易发生过饱和现象，可以用搅拌、摩擦器壁或投入几粒晶体（晶核）等办法，使其形成结晶中心，过量的溶质便会全部析出。如果第一次结晶所得物质的纯度不合要求，可进行重结晶。

重结晶是纯化固体化合物的重要方法之一，其原理是利用被提纯物质与杂质在某溶剂中溶解度的不同分离纯化的。其主要步骤为：

（1）将不纯固体样品溶于适当溶剂制成热的近饱和溶液；

（2）如溶液含有有色杂质，可加活性炭煮沸脱色，将此溶液趁热过滤，以除去不溶性杂质；

（3）将滤液冷却，使结晶析出；

（4）抽气过滤，使晶体与母液分离。

洗涤、干燥后测熔点，如纯度不合要求，可重复上述操作。

必须注意，杂质含量过多对重结晶极为不利，影响结晶速率，有时甚至妨碍结晶的生成。重结晶一般只适用于杂质含量在5%以下的固体化合物，所以在结晶之前应根据不同情况，分别采用其他方法进行初步提纯，如水蒸气蒸馏、萃取等，然后再进行重结晶处理。

重结晶的关键是选择合适的溶剂，理想的溶剂应具备以下特点：

（1）不与被提纯物质发生化学反应；

（2）被提纯物质在温度高时溶解度大，而在室温或更低温度时，溶解度小；

（3）杂质在热溶剂中不溶或难溶，在冷溶剂中易溶；

（4）容易挥发，易与结晶分离；

（5）能得到较好的晶体。

除上述条件外，结晶好、回收率高、操作简单、毒性小、易燃程度低、价格便宜的溶剂更佳。

溶剂的选择原则和经验：

（1）常用溶剂：DMF、氯苯、二甲苯、甲苯、乙腈、乙醇、THF、氯仿、乙酸乙酯、环己烷、丁酮、丙酮、石油醚。

（2）比较常用的溶剂：DMSO、六甲基磷酰胺、N-甲基吡咯烷酮、苯、环己酮、丁酮、二氯苯、吡啶、乙酸、二氧六环、乙二醇单甲醚、1,2-二氯乙烷、乙醚、正辛烷。

（3）一个好的溶剂在沸点附近对待结晶物质溶解度高而在低温下溶解度又很小。DMF、苯、二氧六环、环己烷在低温下接近凝固点，溶解能力很差，是理想的溶剂。乙腈、氯苯、二甲苯、甲苯、丁酮、乙醇也是理想的溶剂。

（4）溶剂的沸点最好比被结晶物质的熔点低50℃，否则易产生溶质液化分层现象。

（5）溶剂的沸点越高，沸腾时溶解力越强，对于高熔点物质，最好选用高沸点溶剂。

（6）含有羟基、氨基而且熔点不太高的物质尽量不选择含氧溶剂，因为溶质与溶剂形成分子间氢键后很难析出。

（7）含有氧、氮的物质尽量不选择醇做溶剂，原因同上。

（8）溶质和溶剂的极性不要相差太大，常见溶剂的极性大小如下：

水>甲酸>甲醇>乙酸>乙醇>异丙醇>乙腈>DMSO >DMF>丙酮>HMPA>CH_2Cl_2>吡啶>氯仿>氯苯>THF>二氧六环>乙醚>苯>甲苯>CCl_4>正辛烷>环己烷>石油醚。

3. 固-液分离及沉淀洗涤

溶液与沉淀的分离方法有三种：倾析法、过滤法、离心分离法。

（1）倾析法

当沉淀的相对密度或重结晶的颗粒较大，静置后能很快沉降至容器的底部时，常用倾析法进行分离和洗涤。将沉淀上部的溶液倾入另一容器中而使沉淀与溶液分离。如需洗涤沉淀，只要向盛沉淀的容器内加入少量洗涤液，将沉淀和洗涤液充分搅拌均匀，待沉淀沉降到容器的底部后，再用倾析法倾去溶液。如此反复操作两三次，即能将沉淀洗净。为了把沉淀转移到滤纸上，先用洗涤液将沉淀搅起，将悬浊液立即按上述方法转移到滤纸上，这样大部分沉淀就可从烧杯中移走，然后用洗瓶中的水冲下杯壁和玻璃棒上的沉淀，再行转移。

（2）过滤法

过滤法是固-液分离较常用的方法之一。溶液和沉淀的混合物通过过滤器（如滤纸）时，沉淀留在滤纸上，溶液则通过过滤器，过滤后所得到的溶液叫滤液。溶液的黏度、温度、过滤时的压力及沉淀物的性质、状态、过滤器的孔径大小都会影响过滤速度。热溶液比冷溶液容易过滤。溶液的黏度越大，过滤越慢。减压过滤比常压过滤快。如果沉淀呈胶体状态，不易穿过一般的过滤器（滤纸），应先设法将胶体破坏（如用加热法）。总之，要考虑各个方面的因素来选择不同的过滤方法。

常用的过滤方法有常压过滤、减压过滤和热过滤三种。

① 常压过滤

先把一圆形或方形滤纸对折两次成扇形，展开后呈锥形，恰能与60°角的漏斗相密合。如果漏斗的角度大于或小于60°，应适当改变滤纸折成的角度使之与漏斗相密合。然后在三层滤纸的那边将外两层撕去一小角，用食指把滤纸按在漏斗内壁上，用少量蒸馏水润湿滤纸，再用玻璃棒轻压滤纸四周，赶去滤纸与漏斗壁间的气泡，使滤纸紧贴在漏斗壁上。滤纸边缘应略低于漏斗边缘0.5~1 cm。过滤时一定要注意以下几点：漏斗要放在漏斗架上，要调整漏斗架的高度，以使漏斗管的末端紧靠接收器内壁。先倾倒溶液，后转移沉淀，转移时应使用玻璃棒。倾倒溶液时，应使玻璃棒与烧杯口接触，玻璃棒接触三层滤纸处，漏斗中的液面应略低于滤纸边缘。如果沉淀需要洗涤，应待溶液转移完毕，将上方清液倒入漏斗。如此重复洗涤两三遍，最后把沉淀转移到滤纸上。如果滤纸和漏斗的隔层和漏斗管里有气泡或者漏斗管口（斜面背后）没有贴紧烧杯壁，就会使过滤受到空气的阻力而减慢。

②减压过滤（简称"抽滤"）

减压过滤可缩短过滤时间，并可把沉淀抽得比较干燥。将循环水真空泵的橡皮管连接到真空泵和吸滤瓶之间的安全瓶上，安全瓶与吸滤瓶支管连接，打开开关，指示灯亮，真空泵开始工作。过滤结束时，先缓缓打开安全瓶活塞，再关开关，以防倒吸，装置如图2-26所示。若为胶状沉淀和颗粒太细的沉淀，则采用砂芯过滤装置进行过滤。

③热过滤

热过滤就是在普通过滤器外套上一个热滤漏斗。某些热的浓溶液，过滤时，由于温度降低，晶体很容易在滤纸上析出，这将使滤出的固体杂质与晶体相混，因此该种溶液就需在保温的情况下进行过滤，即热过滤。

A.热过滤装置的准备

热过滤漏斗是铜制的，具有夹层和侧管。夹层内盛水，漏斗上沿有一注水口，侧管处用于加热。在热水漏斗里放一玻璃漏斗，使用金属的热水漏斗时，应加入容量2/3的热水，并持续在热水漏斗的侧管处加热保温，如图2-27所示。

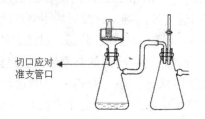
切口应对准支管口

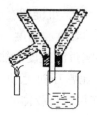

图2-26　抽滤　　　　　　　　　图2-27　热过滤

玻璃漏斗内应放入一折叠滤纸。为了尽可能地利用滤纸的有效面积，加大过滤速度，滤纸应折叠成菊花形：先将圆形滤纸等折成四分之一，得折痕1-2、2-3、2-4；再在2-3、2-4间对折出2-6，在1-2和2-4间对折出2-5，继续在2-3和2-5间对折出2-8，在1-2和2-6间对折出2-7、在1-2和2-5间对折出2-10、在2-3和2-6间对折出2-9；从上述折痕的相反方向，在相邻两折痕（如2-3和2-9）之间都对折一次；展开，即得菊花形滤纸，如图2-28所示。

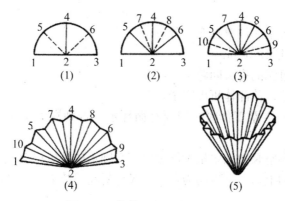

图2-28　菊花形滤纸的折叠法

B. 过滤操作

（1）从注水口处向热滤漏斗夹层中注水，水不可盛得过满，以防水沸腾时溢出，在热过滤时，要经常向保温漏斗中添加热水。

（2）将过滤器准备好后，开始加热漏斗侧管，使漏斗内的水温达到要求。过滤前还应把玻璃漏斗在水浴上用蒸气加热一下。

（3）过滤过程中若有结晶析出，应待过滤结束，将滤纸上的晶体再用溶剂溶解，然后用新滤纸重新过滤。

【操作步骤】

1. 称1 g粗苯甲酸于100 mL烧杯中，加入40 mL蒸馏水，加热至沸使其溶解，稍冷，加少量活性炭，继续加热煮沸5 min；

2. 趁热进行热过滤，冷却，析晶；

3. 完全析晶后，抽滤，洗涤2~3次，抽滤至干；

4. 晾干，称重并计算产率。

【存在的问题和注意事项】

1. 存在的问题

（1）加热溶解固体时，溶液未注意补水，成了过饱和溶液；

（2）热过滤时有晶体析出在滤纸和漏斗颈上；

（3）活性炭因滤纸破被引入滤液中；

（4）冷却析晶不充分，晶体量太少；

（5）活性炭吸附不充分，得到的晶体发黄；

（6）析晶时搅拌溶液，得到的晶体成渣状。

2. 注意事项

（1）加热过程中应注意补充水分。

（2）应使活性炭脱色完全。

（3）注意热过滤的有关问题。

（4）静置析晶，使晶体析出完全。

（5）循环水真空泵工作时一定要有循环水，否则在无水状态下，将烧坏真空泵。

（6）循环水真空泵中加水量不能过多，否则水碰到电机会烧坏真空泵。

（7）进出水的上口、下口均为塑料，极易折断，故取、上橡皮管时要小心。

【问题与思考】

1. 简述重结晶的主要步骤及各步的主要目的。

2. 活性炭为何要在固体物质完全溶解后加入？为什么不能在溶液沸腾时加入？

3. 对有机化合物进行重结晶时，最适宜的溶剂应具备哪些条件？

4. 辅助析晶的措施有哪些？

5. 使用活性炭时应注意哪些问题？

6. 为什么热水漏斗和未过滤的溶液要继续加热？

技能10 萃取与洗涤

【方法提要】

1. 液-液萃取

（1）原理

萃取是分离和提纯有机化合物常用的基本操作之一。设溶液由有机化合物X溶解于溶剂A而成，现要从其中萃取X，可选择一种对X溶解性极好，而与溶剂A不相混溶和不发生化学反应的溶剂B。把溶液放入分液漏斗中，加入溶剂B，充分振荡。静置后，由于A与B不相混溶，故分成两层。此时X在A、B两的浓度比，在一定温度和压力下，为一常数，叫作分配系数，以K表示，这种关系叫作分配定律。用公式表示：

$$K（分配系数）= \frac{X在溶剂A中的浓度}{X在溶剂B中的浓度}$$

（注意：分配定律是假定所选用的溶剂B，不与X发生化学反应）。

依照分配定律，要节省溶剂而提高萃取的效率，用一定量的溶剂一次加入溶液中萃取，则不如把这个量的溶剂分成几份多次来萃取好。

洗涤是从混合物中提取出不需要的少量杂质，所以洗涤实际上也是一种萃取。

（2）萃取溶剂的选择

选择溶剂时，除了要求对被提取物有较大的溶解度、沸点不宜太高、与被提取液的互溶度小以外，还要求对杂质的溶解度要尽量小，且价格便宜、性质稳定、毒性小、有适宜的密度（溶剂与被提取液的密度不宜太接近，否则不易分层）等。一般来说，提取难溶于水的物质宜选用非极性的有机溶剂，如石油醚、苯、环己烷及四氯化碳等；对较易溶于水的物质宜选用乙醚或氯仿等；对易溶于水的物质可选用乙酸乙酯等。最常用的萃取溶剂包括乙醚、异丙醚、甲苯、二氯甲烷、石油醚和乙酸乙酯等。

（3）操作方法

萃取在分液漏斗中进行，常见的分液漏斗有锥形和球形等几种，使用前需先检漏，若漏水或转动不灵活，需重涂真空脂或凡士林。如果物料易燃烧，则在其周围必须熄灭明火。

把被萃取溶液连同萃取溶剂放入分液漏斗中，总体积不超过漏斗总容量的

1/2。先用右手食指的末节将漏斗上端玻璃塞顶住，再用大拇指及食指和中指握住漏斗。这样漏斗转动时可用左手的食指和中指蜷握在活塞的柄上，使振摇过程中玻璃塞和活塞均夹紧。开始时慢慢振摇几次后，就要将漏斗倾斜（活塞端向上，出口朝向无人处），慢慢打开旋塞，以解除振摇时溶剂挥发形成的超压，俗称"放气"，此操作在用易汽化溶剂时尤为重要。重复振摇和放气，直至分液漏斗中的气体空间为溶剂蒸气所饱和且压力保持不变。剧烈振摇1～2 min，静置使其分层。下层经分液漏斗旋塞放出，上层经上口倒出。无论被提取物在哪一层，在操作过程中累积的被弃层溶液都应该保存到实验结束才能弃去，以免实验过程中因判断失误造成不可弥补的损失。如果确定不了水层，则可从任何一相取出几滴液体在小试管中，加入少量水加以检验。

很多体系（如二氯甲烷萃取碱性水溶液中的有机化合物时）常会形成乳浊液。此时不能振摇分液漏斗，只能"回旋"分液漏斗。也可加入少量消泡剂（如戊醇）来降低表面张力，也可用食盐将水层饱和，或将整个溶液过滤。最有实用意义的则是让乳浊液放置较长时间。

对于D值较小的体系一次不能有效萃取，而多次萃取又操作繁琐，宜采用连续萃取法。液–液连续萃取所使用的装置随所选用的溶剂的密度而异。图2-29和图2-30所示装置分别用于轻质溶剂（如醚、苯等）和重质溶剂（二氯甲烷、氯仿等），分别适用于少量（图a 10 mL左右）、中量（图b 50 mL左右）和大量（图

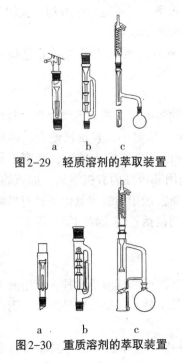

图2-29　轻质溶剂的萃取装置

图2-30　重质溶剂的萃取装置

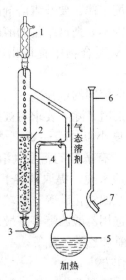

1.冷凝器；2.萃取液；3.溶剂返回管；
4.萃取液返回收集器；5.萃取剂收集器；
6.漏斗管（可代替溶剂返回管）；7.玻璃筛板
图2-31　常用连续萃取装置

c 1 L左右）溶液的萃取，但在实验室中常用的是图2-31装置。重质溶剂萃取时直接如图示操作。当采用轻质溶剂时则加入漏斗管并将溶剂回收管关闭，溶剂直接由上部斜管返回。

2. 化学萃取

某些有机反应的粗产物具有酸性或碱性，需借助中和反应–萃取方法实现分离或洗涤。常用的萃取剂为稀碱（5%NaOH、5%～10%Na_2CO_3或$NaHCO_3$）或稀酸（硫酸或盐酸）溶液。若使用冷的浓硫酸还可从饱和烃中除去不饱和烃，或从卤代烃中除去醇或醚等杂质。

对碱性物质，先将被分离物溶于合适溶剂中（任何低沸点、与水不相溶的溶剂均可，如乙醚、石油醚、二氯甲烷等），在分液漏斗中与稀酸（1 mol/L HCl或1 mol/L H_2SO_4）一起振摇，分出水相，再用少量新鲜的溶剂洗涤一次水相，以除去少量脂溶性杂质。将水相在冰浴中冷却，搅拌中慢慢加入NaOH溶液（5 mol/L）直至析出碱性物质（油状物或固体）。然后用有机溶剂萃取这些油状物或固体，经干燥蒸除溶剂，便可得到提纯的碱性有机化合物。

酸性物质的提纯可用稀碱代替稀酸做萃取剂，操作方法同上。因光学活性物质在酸、碱性条件下容易消旋化，一般不宜使用化学萃取法分离。

3. 固–液萃取

固–液萃取是利用溶剂对固体混合物中所需成分的溶解度大，对杂质的溶解度小来达到提取分离目的的一种方法，是把固体物质放在溶剂中长期浸泡而达到萃取的目的，常用于从干燥的植物、海藻、菌类及哺乳动物等物质中提取天然有机化合物，也可除去某些固体化合物中的特定杂质。萃取效率取决于混合物中的各组分在所选溶剂中的溶解度、被萃取物的粒度及和萃取溶剂的接触时间。萃取方法分一次萃取和连续萃取两类。

（1）一次萃取法

一次萃取是将固体物质和合适的溶剂一起回流（或长期浸泡），经一段时间后，固体中的有机化合物逐渐溶于溶剂而被萃取出来，这种方法简单，但时间长，消耗溶剂，萃取效率也不高，实验室一般不用。

（2）连续萃取法

连续萃取法是用热溶剂对固体物质进行萃取的方法，最常用的仪器是索氏提取法。

索氏提取器又称脂肪抽取器或脂肪抽出器，

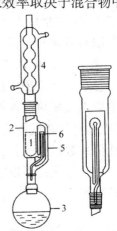

1. 滤纸筒；2. 提取筒；3. 圆底烧瓶；
4. 回流冷凝管；5. 管道；6. 虹吸管

图2-32 索氏提取器

是由圆底烧瓶、提取筒、冷凝器三部分组成的（图2-32），提取筒两侧分别有虹吸管和连接管。各部分连接处要严密，不能漏气。萃取时，将待测样品包在脱脂滤纸筒内，放入提取筒内。蒸馏烧瓶内加入适量的萃取溶剂（加入两三粒沸石），加热圆底烧瓶，溶剂汽化，蒸气向上通过管道进入冷凝管，凝成液体滴入提取管内，与被提取物接触。当液面上升到刚超过虹吸管的顶端时，已经萃取出部分有机化合物的溶剂通过虹吸而流回烧瓶。如此反复萃取，便可把固体中的可溶性物质富集到烧瓶中。提取时间视样品而异。提取液经浓缩后，用重结晶或蒸馏等提纯方法处理所得物质，可得纯品。

（3）超声和微波辅助提取

① 超声萃取

a. 原理

超声波萃取（Ultra Sonic Extraction，简称USE）又称超声辅助提取，被广泛用于挥发性或非挥发性提取介质、实验室小批量制备及天然产物含量的测定。其原理是利用超声波具有的空化效应、机械效应及热效应，以及产生的乳化、扩散、击碎、化学效应等许多次级效应——这些作用增大了介质分子的运动速度，提高了介质的穿透能力，促进了药物有效成分的溶解及扩散，缩短了提取时间，提高了药物有效成分的提取率。

b. 特点

无须高温，不破坏中药材中某些具有热不稳定、易水解或氧化特性的药效成分，提高了中药的疗效；常压萃取，安全性好，操作简单易行，维护保养方便；萃取效率高，萃取时间仅为水煮、醇沉法的三分之一或更少，萃取充分，萃取量是传统方法的2倍以上；适用性广，绝大多数的中药材各类成分均可超声萃取；超声萃取对溶剂和目标萃取物的性质（如极性）关系不大，可供选择的萃取溶剂种类多、目标萃取物范围广泛；减少能耗，由于超声萃取无须加热或加热温度低，萃取时间短，因此大大降低能耗；药材原料处理量大，成倍或数倍提高，且杂质少，有效成分易于分离、净化；萃取工艺成本低，综合经济效益显著。

c. 操作方法

将样品置于玻璃容器中（不可用铁质或者其他金属容器），加溶剂，置于超声萃取仪（如图2-33所示）中，打开超声，一段时间

图2-33 低温超声萃取仪

后，取出过滤得到滤液。

②微波萃取

a. 原理

微波萃取（Microwave Extraction，简称 ME），又称微波辅助提取（Microwave -Assisted Extraction，简称 MAE），是微波和传统的溶剂萃取法相结合而成的一种萃取方法。微波萃取的基本原理是微波直接与被分离物作用，即微波能直接作用于样品基体内。由于不同物质的介电常数不同，从而吸收微波能的程度也各不相同，产生的热能及传递到周围环境的热能也是各不相同的，在微波场作用下，基体物质的某些区域或萃取体系中的某些组分由于吸收微波能力的不同被选择性地加热，这样可以从基体或体系中分离出被萃取物。

微波能量通过极性分子的偶极旋转和离子传导两种作用直接传递到物质上，导致分子整体快速转向及定向排列，从而产生撕裂和相互摩擦而发热。而传统的加热方式中，因实际操作需要，容器壁大多由热的不良导体制成，热由器壁传导到溶液内部需要时间；相反，微波加热是一个内部加热过程，它不同于普通的外部加热方式将热量由外向内传递，而是同时直接作用于内部和外部的介质分子，使整个物料同时被加热，从而保证了能量的快速传导和充分利用。

b. 特点及影响因素

微波萃取具有加热均匀、节物、节能、环保、高效等特点。微波萃取操作过程中，萃取参数包括萃取溶剂、萃取功率和萃取时间。影响萃取效果的因素很多，包括萃取剂、物料含水量、微波剂量、温度、时间、操作压力及溶剂 pH 值等。

c. 微波萃取装置

一般为带有功率选择和控温、控压、控时附件的微波制样设备。用于微波萃取的设备分两类：一类为微波萃取罐；另一类为连续微波萃取线。两者的主要区别：一个是分批处理物料，类似多功能提取罐；另一个是以连续方式工作的萃取设备。一般由聚四氟乙烯材料制成专用密闭容器作为萃取罐，它允许微波能自由通过、耐高温高压且不与溶剂反应。一般设计每个系统可容纳多个萃取罐，因此试样的批处理量大大提高。

d. 微波萃取操作

将极性溶剂或极性溶剂和非极性溶剂混合物与被萃取样品混合装入微波制样容器中，在密闭状态下，用微波制样系统加热，加热后过滤样品得到的滤液可进行分析测定，或作进一步处理。微波萃取溶剂应选用极性溶剂，如乙醇、甲醇、丙酮、水等，纯非极性溶剂不吸收微波能量，使用时可在非极性溶剂中加入一定浓度的极性溶剂，不能直接使用纯非极性溶剂。在微波萃取中要求控制溶剂温度保持在沸点以下和在待测物分解温度以下。

e. 微波萃取工艺流程

选料—清洗—粉碎—微波萃取—分离—浓缩—干燥—粉化—产品。

【操作步骤】

一次萃取法和多次萃取法以乙醚从醋酸水溶液中萃取醋酸为例说明实验步骤；索氏提取器应用举例：萃取法提取粗咖啡因。

1. 一次萃取法

用移液管准确量取10 mL冰醋酸与水的混合液（冰醋酸与水以1∶19的体积比相混合），放入分液漏斗中。用30 mL乙醚萃取，注意近旁不能有火，否则易引起火灾。加入乙醚后，按方法提要中的操作方法进行操作。充分振摇后，将分液漏斗置于铁圈上，当溶液分成两层后，小心旋开活塞，放出下层水溶液50 mL于锥形瓶内，加入3～4滴酚酞指示剂，用0.2 mol/L标准氢氧化钠溶液滴定，记录用去氢氧化钠的体积。计算：

（1）留在水中的醋酸量及百分率；

（2）留在乙醚中的醋酸量及百分率。

2. 多次萃取法

准确量取10 mL冰醋酸与水的混合液（体积比同上）于分液漏斗中，用10 mL乙醚如上法萃取，分去乙醚溶液。水溶液再用10 mL乙醚萃取，再分出乙醚溶液后，水溶液仍用10 mL乙醚萃取。如此前后共计三次。最后将用乙醚第三次萃取后的水溶液放入50 mL的三角烧瓶内，用0.2 mol/L标准氢氧化钠溶液滴定，计算：

（1）留在水中的醋酸量及百分率；

（2）留在乙醚中的醋酸量及百分率。

根据上述两种不同步骤所得数据，比较萃取醋酸的效率。

3. 索氏提取器提取

用滤纸制作圆柱状滤纸筒，称取10 g茶叶，粉碎，装入滤纸筒中，将开口端折叠封住，放入提取筒中。将150 mL圆底烧瓶安装于电热套上，放入2粒沸石，量取95%乙醇100 mL，从提取筒中倒入烧瓶，安装好索氏提取装置，打开电源，加热回流2小时。实验时能够观察到，随着回流的进行，当提取筒中回流下的乙醇液的液面稍高于索氏提取器的虹吸管顶端时，提取筒中的乙醇液发生虹吸并全部流回到烧瓶内，然后再次回流，虹吸，记录虹吸次数，虹吸5～6次后，当提取筒中提取液颜色变得很浅时，说明被提取物已大部分被提取，停止加热，移去电热套，冷却提取液。

拆除索氏提取器（若提取筒中仍有少量提取液，倾斜使其全部流到圆底烧瓶中），安装冷凝管进行蒸馏，至剩余 5 mL 左右时趁热倾入盛有生石灰的蒸发皿中搅拌成糊状后蒸干成粉状，然后用升华法获得其晶体。

【注意事项】

1. 常用的分液漏斗有球形、锥形和梨形三种，在有机化学实验中，分液漏斗主要应用于：

（1）分离两种分层而不发生反应的液体；

（2）从溶液中萃取某种成分；

（3）用水或碱或酸溶液洗涤某种产品；

（4）用来滴加某种试剂（即代替滴液漏斗）。

2. 如果分液漏斗上有一个玻璃活塞，玻璃表面必须润滑以防止粘结、漏渗或结冰；如果用的是一个塑料活塞，因为它本身就具有一定的润滑作用，可以不加润滑剂。

3. 通常每个实验都有一定的步骤和特定的萃取剂用量。如果没有，通常可用与被萃取液等体积的萃取剂，萃取剂至少分为两部分。

4. 索氏提取器提取时，滤纸筒的下端要仔细扎紧或折叠好以免固体漏出而堵塞虹吸管，固体的量约为滤纸筒的3/4。

【问题与思考】

1. 有时分液漏斗内的混合物颜色较深，有机相和无机相之间的界面看不清楚，如果出现这样的情况该怎么办？

2. 即使分液漏斗中的液体是透明的，两层之间的界面也不一定能看得清楚。尤其是两相液体具有相似的折射率时，这种现象更容易发生，这时该怎么办？

3. 萃取中出现乳浊液如何清除？

4. 简述索氏提取器的提取原理。

技能12　薄层色谱法

【方法提要】

薄层色谱法是以薄层板作为载体，利用薄层板上的吸附剂在展开剂中所具有的毛细作用，使样品混合物随展开剂向上爬升。由于各组分在吸附剂上受吸附的程度不同，以及在展开剂中溶解度的差异，各组分在爬升过程中得到分离，薄层色谱法也称为薄层层析。薄层色谱法是快速分离和定性分析少量物质的一种广泛使用的实验技术，可用于精制样品、鉴定化合物、跟踪反应进程和作为柱色谱的先导（即为柱色谱摸索最佳条件）等方面。

1. R_f（比移值）的测定

R_f（比移值）表示物质移动的相对距离，即样品点到原点的距离和溶剂前沿到原点的距离之比，常用分数表示。

$$R_f = \frac{\text{溶剂最高浓度中心至原点中心的距离}}{\text{溶剂上升前沿至原点中心的距离}}$$

R_f 值与化合物的结构、薄层板上的吸附剂、展开剂、显色方法和温度等因素有关。但在上述条件固定的情况下，R_f 值对每一种化合物来说是一个特定的数值。当两个化合物具有相同的 R_f 值时，在未做进一步的分析之前不能确定它们是不是同一个化合物。在这种情况下，简单的方法是使用不同的溶剂或混合溶剂来做进一步的检验。

2. 薄层层析常用的吸附剂

硅胶和氧化铝是薄层层析常用的固相吸附剂。化合物极性越大，它在硅胶和氧化铝上的吸附力越强。所以吸附剂均制成活性精细粉末，活化通常是加热粉末以脱去水分。硅胶是酸性的，用来分离酸性或中性的化合物。氧化铝有酸性、中性和碱性的，可用于分离极性或非极性的化合物。商用的硅胶和氧化铝薄层板可以买到，这些薄板常用玻璃或塑料制成。溶剂在薄层板上爬升的距离越长，化合物的分离效果越好。宽的薄层板也可用于许多样品。具有 1～2 mm 厚的大板可用于 50～1000 mg 样品的分离制备。

3. 样品的制备与点样

样品必须溶解在挥发性的有机溶剂中，浓度最好是 1%～2%。溶剂应具有高的挥发性以便于立即蒸发。丙酮、二氯甲烷和氯仿是常用的有机溶剂。分析固体样品时，可将20～40 mg样品溶到2 mL的溶剂中。在距薄层板底端1 cm处，用铅笔画一条线，作为起点线。用毛细管（内径小于1 mm）吸取样品溶液，垂直地轻轻接触到薄层板的起点线上。样品量不能太多，否则易造成斑点过大，互相交叉或拖尾，不能得到很好的分离效果。

4. 展开

将选择好的展开剂放在层析缸中，使层析缸内空气饱和，再将点好样品的薄层板放入层析缸中进行展开（见图2-34）。使用足够的展开剂以使薄层板底部浸入溶剂3～4 mm。但溶剂不能太多，否则样点在液面以下，溶解到溶剂中，不能进行层析。当展开剂上升到薄层板的前沿（离顶端5～10 mm处）或各组分已明显分开时，取出薄层板放平晾干，用铅笔画出前沿的位置后即可显色。根据R_f值的不同对各组分进行鉴别。

图2-34　薄层板在不同的层析缸中展开的方式

5. 显色

展开完毕，取出薄层板，画出前沿线，如果化合物本身有颜色，就可直接观察它的斑点；但是很多有机物本身无色，可先在紫外灯下观察有无荧光斑点。另外一种方法是将薄层板除去溶剂后，放在含有0.6 g碘的密闭容器中显色来检查色点，许多化合物都能和碘形成黄棕色斑点。也可在溶剂蒸发前用显色剂喷雾显色。

本实验用薄层色谱法分离偶氮苯的两种几何异构体。

偶氮苯有顺反两种异构体，大多数情况下以反式形式存在，但在日光或紫外光照射下，反式可以部分转化成顺式。

反应式：

顺式　　　　　　　　　　　　　　　反式

【操作步骤】

1. 将 0.1 g 反式偶氮苯溶于 5 mL 无水苯中，溶液分成 2 份置于小试管中，不用时旋紧试管盖。

2. 将一个试管置于日光下照射 1 小时，或用紫外灯（波长为 365 nm）照射 0.5 小时。另一个试管用黑纸包起来以免受到阳光的照射。

3. 将 10 mL 环己烷–甲苯（体积比为 9 : 3）加入层析缸中。

4. 在 2.5 cm×7.0 cm 的硅胶板上离底边 1 cm 处用铅笔画一条直线。

5. 用一根干净的毛细管吸取被日光或紫外光照射过的偶氮苯溶液，在薄板的铅笔线上左侧点样。

6. 另取一支干净的毛细管吸取未被日光或紫外光照射过的偶氮苯溶液，在薄板的铅笔线上距左侧点 1 cm 处点样。

7. 将点好样的薄板放入层析缸中，层析缸用黑纸包起来；薄层板展开至溶剂前沿离顶部约 1 cm 时结束。

8. 取出薄层板，在溶剂挥发前迅速将溶剂前沿标出，然后让溶剂挥发至干。

9. 将薄层板置于紫外灯（波长为 254 nm）下显色，将观察到薄板的右侧只有 1 个样品点，而薄板的左侧有 2 个样品点。

10. 计算反式偶氮苯和顺式偶氮苯的 R_f 值。

【注意事项】

1. 薄层层析法除了用于分离提纯外，还可用于有机化合物的鉴定，也可以用于寻找柱层析分离条件。在有机合成中，还可用来跟踪反应进程。在实际工作中，R_f 值的重现性较差。在鉴定过程中，常将已知物和未知物在同一块薄层板上点样，在相同展开剂中同时展开，通过比较它们的 R_f 值，即可做出判断。

2. 薄层层析法常用的吸附剂有硅胶和氧化铝，不含黏合剂的硅胶称硅胶 H；掺有黏合剂如煅石膏的称为硅胶 G；含有荧光物质的硅胶称为硅胶 HF_{254}，可在波长 254 nm 的紫外光下观察荧光，而附着在光亮的荧光薄板上的有机化合物却呈暗色斑点，这样就可以观察到那些无色组分；既含煅石膏又含荧光物质的硅胶称为硅胶 GF_{254}。氧化铝也类似地分为氧化铝 G、氧化铝 HF_{254} 及氧化铝 GF_{254}。除了煅石膏外，羧甲基纤维素钠也是常用的黏合剂。由于氧化铝的极性较强，对于极性物质具有较强的吸附作用，适合于分离极性较小的化合物（如烃、醚、卤代烃等）。而硅胶的极性相对较小，适合于分离极性较大的化合物（如羧酸、醇、胺等）。

3. 制板时，一定要将吸附剂逐渐加入溶剂中，边加边搅拌。如果颠倒添加顺

序，把溶剂加到吸附剂中，容易结块。

4. 点样时，所用毛细管管口要平整，点样动作要轻快、敏捷，否则易使斑点过大，产生拖尾、扩散等现象，影响分离效果。

5. 展开剂的极性差异对混合物的分离有显著影响。当被分离物各组分极性较强时，经过层析后，如果混合物中各组分的斑点全部随溶剂爬升至最前沿，那么该溶剂的极性太大；相反，如果混合物中各组分的斑点完全不随溶剂的展开而移动，则该溶剂的极性太小。选择展开剂时，要注意溶剂极性的大小。应该指出，有时用单一溶剂不易使混合物分离，这就需要采用混合溶剂做展开剂。这种混合展开剂的极性常介于几种纯溶剂的极性之间。快捷寻找合适的展开剂可以按如下方法操作：先在一块薄展板上点上待分离样品的几个斑点，斑点间留有 1 cm 以上的间距。用滴管将不同溶剂分别点在不同的斑点上，这些斑点将随溶剂向周边扩展形成大小不一的同心圆环。通过观察这些圆环的层次间距，即可大致判断溶剂的适宜性。

6. 碘熏显色法是观察无色物质斑点的一种有效方法。因为碘可以与除烷烃和卤代烃以外的大多数有机物形成有色配合物。不过，由于碘会升华，当薄层板在空气中放置一段时间后，显色斑点就会消失。因此，薄展板经碘熏显色后，应马上用铅笔将显色斑点圈出。如果薄层板上掺有荧光物质，则可直接在紫外灯下观察，化合物会因吸收紫外光而呈黑色斑点。

【问题与思考】

1. 如何利用 R_f 值来鉴定化合物？

2. 薄层色谱法点样应注意些什么？

3. 常用的薄层色谱的显色剂是什么？

技能13 纸色谱层析

【方法提要】

纸色谱与吸附色谱分离原理不同，是以滤纸为载体，根据各成分在两项溶剂中的分配系数不同而达到分离的目的。以在纸上均匀地吸附着的液体为固定相（如水、甲酰胺或其他），用与固定液不互溶的溶剂做流动相。当混合物样品点在滤纸上，并受流动相推动而前进时，由于待分离各组分在流动相和固定相之间连续发生多次分配，结果在流动相中溶解度较大的组分随流动相移动的速度较快，而在固定相中溶解度较大的物质随流动相移动的速度较慢，最后在滤纸上展开，便达到了分离的目的。

色谱纸要求滤纸质地均匀，有一定的机械强度，纸纤维的松紧适宜，过于疏松易使斑点扩散，过于紧密则流速太慢，纸质应纯，无明显的荧光斑点。在选择滤纸的型号时，应结合分离对象加以考虑，对 R_f 值相差很小的化合物，宜采用慢速滤纸。

本实验以氨基酸混合物为例。分离和鉴定的氨基酸混合液为：异亮氨酸、赖氨酸和谷氨酸。

氨基酸是无色的，在层析后需在纸上喷洒显色剂茚三酮，斑点呈现蓝紫色。

显色机理：

【操作步骤】

1. 色谱纸的折叠

取色谱用滤纸条一张铺在白纸上，用铅笔在距离滤纸一端 2～3 cm 处画一直线作为点样线，用直尺将滤纸对折成如图 2-35 的样子，剪好一个悬挂该滤纸的小孔，纸条上下都要留有手持部位。

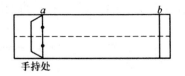

图 2-35　色谱纸折叠法

2. 点样

分别用毛细管吸取样品、异亮氨酸、赖氨酸和谷氨酸标准溶液（浓度均为 2 g/L 水溶液）、氨基酸混合试液（2 g/L 的异亮氨酸、赖氨酸和谷氨酸标准溶液配制的三种氨基酸等量混合）。

在点样线上依次点样，点的直径不超过 2 mm，如样品浓度过低，可等样点干燥后，重复点样，各样点间相距约为 2 cm。用带小钩的玻璃棒钩住滤纸，剪去纸条上下手持部分。

3. 展开

小心地沿色谱缸壁注入展开剂至 2 cm 高度，然后将点有样品的滤纸条悬挂在色谱缸中，使滤纸条下端浸入展开剂中约 1 cm，点样线应保持在液面之上，盖紧缸盖，如图 2-36，待展开剂上升至距离上端约 2 cm 时，将滤纸取出，尽快用铅笔标出前沿线，然后用电吹风将滤纸吹干（或用红外灯烤干），如图 2-37。

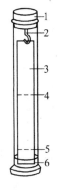

1. 橡胶塞；2. 玻璃挂钩；3. 色谱纸；
4. 溶剂前沿；5. 起点线；6. 溶剂

图 2-36　纸色谱装置

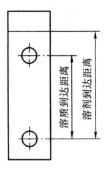

图 2-37　纸色谱展开图

4. 显色

在紫外灯下观察荧光斑点或用喷雾器将显色剂均匀地喷在滤纸上，再用电吹风吹干（或烘干），用铅笔标记各斑点的中心位置，测量点样线至斑点中心的距离，计算 R_f 值。

【注意事项】

1. 层析纸条应防止污染，其工作部分不能用手触，以免手上的油脂沾污滤纸。

2. 点样毛细管不要弄错。先在碎滤纸上进行点样练习。样点与样点和边缘与样点之间应有同等宽度的间隙。

3. 纸层析滤纸条要垂直安放，滤纸条不能触及层析缸壁。样点与展开剂液面至少相距 0.6 cm。

4. 层析完毕，取出纸条时，不要忘记立即在溶剂前沿处画记号。样点至溶剂前沿的距离以 7～8 cm 为宜。

5. 用电吹风显色时，不可太近或过热，以免影响斑点及其颜色的观察。

【问题与思考】

1. 实验时，能否用手指直接拿取滤纸条中部？用手指直接拿滤纸条中部对实验结果有无影响？

2. 为什么在纸色谱法中要采用标准品对照鉴别？

技能14　柱色谱法

【方法提要】

柱色谱法又称柱层析，即固定相装于柱内，流动相为液体，样品沿竖直方向由上而下移动而达到分离的色谱法，包括吸附柱色谱法和分配柱色谱法。

吸附柱色谱通常在玻璃管中填入表面积很大、经过活化的多孔性或粉状固体吸附剂。当待分离的混合物溶液流过吸附柱时，各种成分同时被吸附在柱的上端。当洗脱剂流下时，由于不同化合物吸附能力不同，往下洗脱的速度也不同，于是形成了不同层次，即溶质在柱中自上而下按对吸附剂的亲和力大小分别形成若干色带，再用溶剂洗脱时，已经分开的溶质可以从柱上分别洗出收集；或将柱吸干，挤出后按色带分割开，再用溶剂将各色带中的溶质萃取出来。

1. 吸附柱色谱法

吸附柱色谱法是利用色谱柱内吸附剂对于样品中各组分的吸附能力的差异而达到分离目的的方法。

（1）吸附剂

吸附柱色谱常用的吸附剂有：氧化铝、硅胶、聚酰胺、大孔吸附树脂等。吸附剂的颗粒应尽可能大小均匀，除另有规定外，通常采用直径为70～150目的颗粒。

（2）色谱柱

色谱柱为内径均匀、下端缩口或具活塞的硬质玻璃管，若色谱柱未带有砂芯滤层，则下端通常用棉花或玻璃纤维塞住，以防止吸附剂流失。

（3）吸附剂的填装

吸附剂的填装主要有两种方法——干法装柱和湿法装柱。

① 干法装柱

取一干燥漏斗，将吸附剂均匀地一次性加入色谱柱中，振动管壁使其均匀下沉，打开色谱柱下端活塞，沿管壁缓缓加入洗脱剂，待柱内吸附剂全部湿润且不再下沉为止，也可在色谱柱内加入适当的洗脱剂，旋开活塞，使洗脱剂缓缓滴出，然后自管顶端缓缓加入吸附剂，使其均匀地湿润下沉，在管内形成松紧适度的吸附层。装柱完毕，关闭下端活塞。操作过程中应保持吸附层上方有一定量的洗脱剂。

② 湿法装柱

将吸附剂与洗脱剂混合均匀，采用搅拌方式除去其中气泡，打开下端活塞，缓缓倾入色谱柱中，必要时，振动管壁排除气泡，用洗脱剂将管壁吸附剂洗下，使色谱柱面平整。待平衡后，关闭下端活塞，操作过程中应保持吸附层上方有一定量的洗脱剂。

（4）样品的加入方法

① 干法

如样品不易溶解于初始洗脱溶剂，可预先将样品溶于易溶溶剂中，用少量吸附剂拌匀，采用加温或挥干方式除去溶剂，待干燥后，再将带有样品的吸附剂加至已装好的吸附剂上面，加入洗脱剂。

② 湿法

先将色谱柱中洗脱剂放至与吸附剂面相齐，关闭活塞；用少量初始洗脱溶剂使样品溶解，沿色谱管壁缓缓加入样品溶液，应注意勿使吸附剂翻起（亦可在吸附剂表面放入面积相当的滤纸），待样品溶液完全转移至色谱管中后，打开下端活塞，使液面与柱面相齐，加入洗脱剂。

（5）洗脱

除另有规定外，通常按洗脱剂洗脱能力大小，按极性递增方式变换洗脱剂的品种与比例，分别分步收集流出液。收集流出液通常有两种方式：一是等份收集（亦可用自动收集器），二是按变换洗脱剂收集。

2. 分配柱色谱法

分配柱色谱法是根据加到色谱柱上的待测物质在两种不相混溶（或部分混溶）的溶剂（固定相、流动相）之间的分配系数的不同来分离各组分的方法。

（1）载体（支持剂或担体）：载体只起负载固定相的作用，本身性惰，不能有吸附作用。常用的有：吸水硅胶、硅藻土、纤维素。

（2）色谱柱同吸附柱色谱。

（3）装柱：装柱前需将载体与固定液充分混匀，装柱，必要时用带有平面的玻璃棒压紧。

（4）样品的加入与洗脱

① 样品如易溶于流动相中，用流动相溶解后移入色谱柱中载体上端，然后加流动相洗脱。

② 样品如易溶于固定液中，用固定液溶解后加入少量载体混合，待溶剂挥散后，加到色谱柱上端，然后加流动相洗脱。

③ 样品如在上述两项中均不溶解，则取其他易溶溶剂溶解，待溶剂挥散后，同操作②。

3. 应用

主要用于分离，有时也起到浓缩富集作用。在环境分析测试中，广泛用于样品的前处理，如在水和气溶胶的有机污染分析中，将萃取液转移到层析柱内，而后用环己烷洗脱烷烃部分，用苯洗脱多环芳烃类污染物，用乙醇洗脱极性组分；在土壤分析中，用氧化铝柱捕集分离稀土元素钍、铊；在有机化学中用于分离提纯有机化合物等。

本实验以柱色谱法分离甲基橙和亚甲蓝混合物为例。

【操作步骤】

1. 装柱

取内径10 mm、长200 mm并带有石英砂的层析柱，洗净干燥后垂直固定在铁架台上，层析柱下端置50 mL锥形瓶（如果层析柱下端没有砂芯横隔，就应取一小团脱脂棉或玻璃棉，用玻璃棒将其推至柱底，然后再铺上一层约1 cm厚的砂）。关闭层析柱底端的活塞，向柱内倒入95%乙醇至柱高的4/5处，通过干燥的玻璃漏斗慢慢地加入层析用的中性氧化铝（约8 g），待氧化铝粉末在柱内有一定沉积高度时，打开层析柱下端的活塞，使溶剂慢慢流入锥形瓶。控制液体流速约为1滴/秒，并用木质试管夹或带橡皮管的玻璃棒轻轻敲打柱下端四周，使氧化铝均匀沉降。装满100 mm高度后，在吸附剂上面覆盖约1 cm厚的砂层。整个添加过程中，应保持溶剂液面始终高出吸附剂层面（见图2-38）。

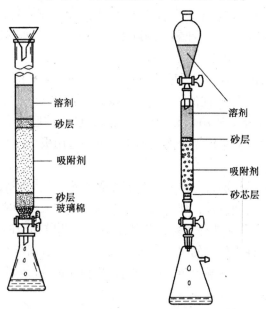

图2-38 柱色谱装置

2. 加样及洗脱

当柱内的乙醇液面降至吸附剂表层时，关闭层析柱下端的活塞。向柱内滴加10滴甲基橙和亚甲蓝混合物（乙醇溶液），打开活塞，待液面沉降至石英砂层时，用滴管取少量95%乙醇溶液洗涤层析柱内壁上沾有的样品溶液。当溶液液面降至吸附剂层面时，便可加入95%乙醇溶液进行洗脱，控制液体流速约为1滴/秒，当亚甲蓝色带快洗出时，更换锥形瓶收集洗脱液，直至洗脱液无色。更换锥形瓶，并改用蒸馏水继续洗脱，用另外的锥形瓶收集，直至甲基橙全部被洗脱下来。

【注意事项】

1. 以柱色谱法分离混合物应该考虑到吸附剂的性质、溶剂的极性、柱子的尺寸、吸附剂的用量以及洗脱的速度等因素。

2. 吸附剂的选择一般要根据待分离的化合物的类型而定。例如酸性氧化铝适合于分离羧酸或氨基酸等酸性化合物；碱性氧化铝适合于分离胺；中性氧化铝则可用于分离中性化合物。硅胶的性能比较温和，属无定形多孔物质，略具酸性，适合于分离极性较大的物质，例如醇、羧酸、酯、酮、胺等。

3. 溶剂的选择一般根据待分离化合物的极性、溶解度等因素而定。有时，使用一种单纯溶剂就能使混合物中各组分分离开来；有时，则需要采用混合溶剂；有时，则使用不同的溶剂交替洗脱。例如，先采用一种非极性溶剂将待分离混合物中的非极性组分从柱中洗脱出来，然后再选用极性溶剂以洗脱具有极性的组分。常用的溶剂有（按极性递增）：石油醚、四氯化碳、甲苯、二氯甲烷、氯仿、乙酸、乙酸乙酯、丙酮、乙醇、甲醇、水、乙酸等。

4. 层析柱的长度、直径以及吸附剂的用量要视待分离样品的量和分离难易程度而定。一般来说，层析柱的柱长与柱径之比约为8:1；吸附剂的用量约为待分离样品质量的30倍。吸附剂装入柱中以后，层析柱应留有约四分之一的容量以容纳溶剂。当然，如果样品分离较困难，可以选用更长一些的层析柱，吸附剂的用量也可适当多一些。

5. 溶剂的流速对柱层析分离效果具有显著影响。如果溶剂流速较慢，则样品在层析柱中保留的时间就长，那么各组分在固定相和流动相之间就能得到充分的吸附或分配作用，从而使混合物，尤其是结构、性质相似的组分得以分离。但是，如果混合物在柱中保留的时间太长，则可能由于各组分在溶剂中的扩散速度大于其流出的速度，从而导致色谱带变宽，且相互重叠影响分离效果。因此，层析时洗脱速度要适中。

6. 本实验成功的关键是：装柱时要轻轻地不断敲击柱子，以除尽气泡，不留

裂缝，否则会影响分离效果；洗脱过程中，始终保持有溶剂覆盖吸附剂，防止断层和旁流；一个色带与另一色带的洗脱液的接收不要交叉。

7. 装柱完毕后，在向柱中添加溶剂时，应沿柱壁缓缓加入，以免将表层吸附剂和样品冲溅泛起，覆盖在吸附剂表层的砂子也是起这个作用。

色谱柱的大小、吸附剂的品种和用量以及洗脱时的流速，均按各品种项下的规定确定。

8. 通常应收集至流出液中所含成分显著减少或不再含有时，再改变洗脱剂的品种或比例。

9. 流动相需先加固定液混合使之饱和，以避免洗脱过程中两相分配的改变。

10. 如果被分离各组分有颜色，可以根据层析柱中出现的色层收集洗脱液；如果各组分无色，先依等分收集法收集，然后用薄层色谱法逐一鉴定，再将相同组分的收集液合并在一起，蒸除溶剂，即得各组分。

【问题与思考】

1. 装柱不均匀或者有气泡、裂缝将会造成什么后果？如何避免？
2. 极性大的组分为什么要用极性较大的溶剂洗脱？

技能15　蒸馏与分馏

【方法提要】

1. 常压蒸馏

蒸馏是分离和纯化液体有机物常用的方法之一。液体的分子由于分子运动有从表面逸出的倾向，这种倾向随着温度的升高而增大，进而在液面上部形成蒸气。当分子由液体逸出的速度与分子由蒸气中回到液体中的速度相等时，液面上的蒸气达到饱和，称为饱和蒸气。它对液面所施加的压力称为饱和蒸气压。实验证明，液体的蒸气压只与温度有关。即液体在一定温度下具有一定的蒸气压。当液体物质被加热时，该物质的蒸气压与液体表面大气压相等时，液体沸腾，这时的温度称为沸点。常压蒸馏就是将液体加热到沸腾状态，使该液体变成蒸气，又将蒸气冷凝后得到液体的过程。每个液态的有机物在一定的压力下均有固定的沸点。利用蒸馏可将两种或两种以上沸点相差较大（>30 ℃）的液体混合物分开。但是应该注意，某些有机物往往能和其他组分形成二元或三元恒沸混合物，它们也有固定的沸点，因此具有固定沸点的液体，不一定是纯化合物。纯液体化合物的沸程一般为0.5～1 ℃，混合物的沸程延长。可以利用蒸馏来测定液体化合物的沸点，又称常量法。蒸馏操作是有机化学实验中常用的实验技术，一般用于下列几方面：

（1）分离液体混合物，仅对混合物中各成分的沸点有较大的差别时才能有效地分离；

（2）测定化合物的沸点及定性检验液体有机物的纯度；

（3）提纯，除去不挥发性杂质；

（4）回收溶剂，或蒸出部分溶剂以浓缩溶液。

常压蒸馏装置主要由汽化、冷凝和接收三部分组成，如图2-39所示，图2-39a是常见的普通蒸馏装置，若馏分易受潮分解，则可在接收器上连接一个氯化钙干燥管，防止湿气侵入；蒸馏有毒气体时，则需加装一个气体吸收装置（见图2-39c）；若蒸出的气体易挥发、易燃或有毒，可在接收器上连接一个长乳胶管，通入水槽的下水管，或引出室外，同时用冰水浴冷却接收瓶（见图2-39d）。

（1）蒸馏瓶：蒸馏瓶的选用与被蒸液体量的多少有关，通常装入液体的体积应为蒸馏瓶容积的1/3～2/3。液体量过多或过少都不宜。在蒸馏低沸点液体时，选用长颈蒸馏瓶；在蒸馏高沸点液体时，选用短颈蒸馏瓶。

（2）温度计：温度计应根据被蒸馏液体的沸点来选，低于100 ℃，可选用100 ℃温度计；高于100 ℃，应选用250～300 ℃水银温度计。

（3）冷凝管：冷凝管分为水冷凝管和空气冷凝管两类，水冷凝管用于被蒸液体沸点低于140 ℃；空气冷凝管用于被蒸液体沸点高于140 ℃（为什么?），见图2-39b。

（4）尾接管及接收瓶：尾接管将冷凝液导入接收瓶中。常压蒸馏选用锥形瓶作为接收瓶，减压蒸馏选用圆底烧瓶作为接收瓶。

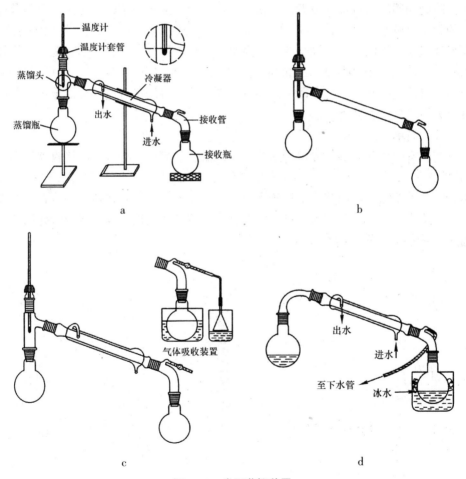

图2-39 常压蒸馏装置

仪器安装顺序为：先下后上，先左后右。拆仪器与其顺序相反。

2. 分馏

简单蒸馏只能对沸点差异较大的混合物做有效的分离，而采用分馏柱进行蒸馏则可对沸点相近的混合物进行分离和提纯，这种操作方法称为分馏（Fractional Distillation）。当混合物受热沸腾时，其蒸气首先进入分馏柱。由于柱内外存在温差，柱内蒸气中高沸点组分受柱外空气的冷却而被冷凝，并流回烧瓶，从而导致继续上升的蒸气中低沸点组分的含量相对增加。这一个过程可以看作是一次简单的蒸馏。当高沸点冷凝液在回流途中遇到新蒸上来的蒸气时，两者之间发生热交换，上升的蒸气中，同样是高沸点组分被冷凝，低沸点组分继续上升。这又可以看作是一次简单蒸馏。蒸气就是这样在分馏柱内反复地进行着汽化、冷凝和回流的过程，或者说，重复地进行着多次简单蒸馏。因此，只要分馏柱的效率足够高，从分馏柱上端蒸出的蒸气组分就能接近低沸点单组分的纯度，而高沸点组分仍回流到蒸馏烧瓶中。简单地说，分馏就是多次蒸馏，利用分馏技术甚至可以将沸点相距1～2 ℃的混合物分离开来。需要指出的是，由于共沸混合物具有恒定的沸点，与蒸馏一样，分馏操作也不可用来分离共沸混合物。分馏可分为简单分馏和精密分馏。

（1）简单分馏

实验室中简单分馏装置包括热源、蒸馏器、分馏柱、冷凝管和接收器五部分（见图2-40a）。实验安装和操作与蒸馏类似，自下而上，先夹住蒸馏瓶，再装上韦氏分馏柱和蒸馏头。调节夹子使分馏柱垂直，装上冷凝管并在指定的位置夹好夹子，夹子一般不宜夹得太紧，以免应力过大造成仪器破损。连接接液管并用卡夹固定，并将接液管与接收瓶固定。

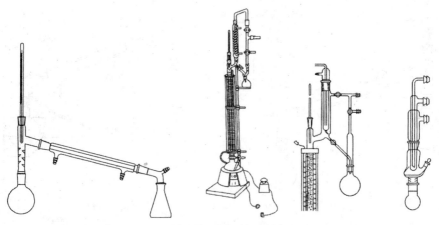

a. 普通分馏装置　　b. 精密分馏装置 c. 全回流分馏头　d. 微量分馏装置

图2-40　分馏装置图

（2）精密分馏

实验室常用的精密分馏装置如图2-40b所示，由热源、蒸馏釜、分馏柱、分馏头、接收器、保温器等部分组成。分馏柱通常为填料式，一般都附有保温装置，常见的有电加热保温套和镀银保温真空套。分馏头一般为全回流可调分馏头（图2-40c），用于冷凝蒸气，观察温度和控制回流比。微量分馏装置如图2-40d。

【操作步骤】

1. 普通蒸馏

（1）按图2-39a将实验装置按从下往上、从左到右的顺序安装完毕，注意各磨口之间的连接。选一个大小适宜的烧瓶，待蒸馏的液体量不宜超过它容量的一半。温度计经套管插入蒸馏头中，并使温度计的水银球正好与蒸馏头支管口的下端平齐。

（2）加料：将待蒸物质小心地倒入蒸馏瓶中，不要使液体从支管流出。加入几粒沸石（为什么?），塞好带温度计的塞子，注意温度计的位置。再检查一次装置是否稳妥与严密。

（3）加热：先打开冷凝水龙头，缓缓通入冷水，然后开始加热。注意冷水自下而上，蒸气自上而下，两者逆流冷却效果好。当液体沸腾，蒸气到达水银球部位时，温度计读数急剧上升，调节热源，让水银球上液滴和蒸气温度达到平衡，使蒸馏速度以每秒1～2滴为宜。此时温度计读数就是馏出液的沸点。

蒸馏时若热源温度太高，使蒸气成为过热蒸气，造成温度计所显示的沸点偏高；若热源温度太低，馏出物蒸气不能充分浸润温度计水银球，造成温度计读得的沸点偏低或不规则。

（4）收集馏液：准备两个接收瓶，一个接收前馏分或称馏头，另一个（需称重）接收所需馏分，并记下该馏分的沸程：即该馏分的第一滴和最后一滴时温度计的读数。

在所需馏分蒸出后，温度计读数会突然下降。此时应停止蒸馏。即使杂质很少，也不要蒸干，以免蒸馏瓶破裂及发生其他意外事故。

（5）拆除蒸馏装置：蒸馏完毕，应先撤去热源，然后停止通水，最后拆除蒸馏装置（与安装顺序相反）。

2. 分馏

将待分馏物质装入圆底烧瓶，并投放几粒沸石，然后依序安装分馏柱、温度计、冷凝管、接引管及接收瓶，检查装置的气密性。

接通冷凝水，开始加热，使液体平稳沸腾。当蒸气缓缓上升时，注意控制温度，使馏出速度维持在2～3秒钟一滴。记录第一滴馏出液滴入接收瓶时的温度，然后根据具体要求分段收集馏分，并记录各馏分的沸点范围及体积。

【注意事项】

1. 加沸石可使液体平稳沸腾，防止液体过热产生暴沸；一旦停止加热后再蒸馏，应重新加沸石；若忘了加沸石，应停止加热，冷却后再补加。

2. 冷凝水从冷凝管支口的下端进、上端出。

3. 平稳蒸馏时温度就是馏出液的沸点。

4. 切勿蒸干，以防发生意外事故。

5. 分馏柱柱高是影响分馏效率的重要因素之一。一般来讲，分馏柱越高，上升蒸气与冷凝液间的热交换次数就越多，分离效果就越好。但是，如果分馏柱过高，则会影响馏出速度。

6. 分馏柱内的填充物也是影响分馏效率的一个重要因素。填充物在柱中起到增加蒸气与回流液接触的作用，填充物比表面积越大，越有利于提高分离效率。不过，需要指出的是，填充物之间要保持一定的空隙，否则会导致蒸馏困难。实验室中常用的韦氏（Vigreux）分馏柱是一种柱内呈刺状的简易分馏柱，不需另加填料。

7. 当室温较低或待分馏液体的沸点较高时，分馏柱的绝热性能会对分馏效率产生显著影响。在这种情况下，如果分馏柱的绝热性能差，其散热就快，因而难以维持柱内气液两相间的热平衡，从而影响分馏效果。为了提高分馏柱的绝热性能，可用玻璃棉等保温材料将柱身裹起来。

8. 在分馏过程中，要注意调节加热温度，使馏出速度适中。如果馏出速度太快，就会产生液泛现象，即回流液来不及流回至烧瓶，并逐渐在分馏柱中形成液柱。若出现这种现象，应停止加热，待液柱消失后重新加热，使气液达到平衡，再恢复收集馏分。

【问题与思考】

1. 在进行蒸馏操作时应注意哪些问题？

2. 在蒸馏装置中，把温度计水银球插至液面上或蒸馏烧瓶支管口，是否正确？为什么？

3. 蒸馏时放入防暴剂（沸石）为什么可以防止暴沸？如果加热后才发现未加入沸石，应该怎样处理才安全？

4. 当加热后有馏液出来时，才发现冷凝管未通水，能否马上通水？如果不行，应该怎么办？

技能16　减压蒸馏

【方法提要】

液体的沸点是指它的蒸气压等于外界压力时的温度，因此液体的沸点是随外界压力的变化而变化的，如果借助真空泵降低系统内压力，就可以降低液体的沸点，这便是减压蒸馏操作的理论依据。

减压蒸馏是分离和提纯有机化合物的常用方法之一。它特别适用于那些在常压蒸馏时未达沸点即已受热分解、氧化或聚合的物质。沸点大于200 ℃的液体一般需用减压蒸馏提纯。

在进行减压蒸馏之前，应先从文献中查阅欲提纯的化合物在所选择压力下的相应沸点，若文献中无此数据，可用下述经验规则推算，即：若系统的压力接近大气压时，压力每降低1.33 kPa（10 mmHg），则沸点下降0.5 ℃，若系统在较低压力状态时，压力降低一半，沸点下降10 ℃。例如某化合物在20 mmHg（2.67 kPa）的压力下，沸点为100 ℃，压力降至10 mmHg（1.33 kPa）时，沸点为90 ℃。也可通过图2-41所示沸点-压力经验计算图近似地推算出高沸点物质在不同压力下的沸点。

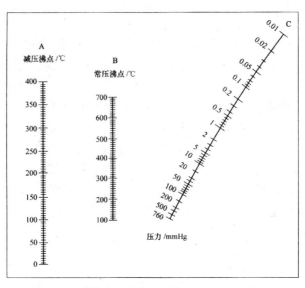

图2-41　液体有机化合物沸点-压力经验计算图

减压蒸馏装置（见图2-42a）主要由蒸馏、抽气（减压）、安全保护和测压四部分组成。蒸馏部分由蒸馏瓶、克氏蒸馏头、毛细管、温度计及冷凝管、接收器等组成。克氏蒸馏头可减少由于液体暴沸而溅入冷凝管的可能性；而毛细管的作用，则是作为汽化中心，使蒸馏平稳，避免液体过热而产生暴沸现象。毛细管口距瓶底1～2 mm，为了控制毛细管的进气量，可在毛细玻璃管上口套一段软橡皮管，橡皮管中插入一段细铁丝，并用螺旋夹夹住。蒸出液接收部分，通常用多尾接液管连接两个或三个梨形或圆形烧瓶，在接收不同馏分时，只需转动接液管。在减压蒸馏系统中切勿使用有裂缝或薄壁的玻璃仪器。尤其不能用不耐压的平底瓶（如锥形瓶等），以防止内向爆炸。抽气部分用减压泵，最常见的减压泵有水泵和油泵两种。安全保护部分一般有安全瓶，若使用油泵，还必须有冷阱及分别装有粒状氢氧化钠、块状石蜡及活性炭或硅胶、无水氯化钙等的吸收干燥塔（见图2-42b），以避免低沸点溶剂，特别是酸和水蒸气进入油泵而降低泵的真空效能。所以在油泵减压蒸馏前必须在常压或水泵减压下蒸除所有低沸点液体和水以及酸、碱性气体。测压部分采用测压计。

【操作步骤】

1. 按图2-42a把仪器安装完毕后，检查系统的气密性。先旋紧毛细管上的螺旋夹子，打开安全瓶上的二通旋塞，然后开泵抽气，观察能否达到要求的真空度且保持不变（若用水泵减压，一般可达20 mmHg的压力，若用油泵抽气，压力则会更低）。若发现有漏气现象，则需分段检查各连接处是否漏气，必要时可在磨口接口处涂少量真空脂密封。待系统无明显漏气现象时，慢慢地打开安全瓶上的活塞，使系统内外压力平衡。

2. 在蒸馏烧瓶中倒入待测液体，其量控制在烧瓶容积的1/3～1/2，关闭安全瓶上的活塞，开泵抽气，通过螺旋夹调节毛细管导入空气，使能冒出一连串小气泡为宜。

3. 达到所要求的低压且压力稳定后，开启冷凝水，开始加热。热浴温度一般比瓶内温度高20～30 ℃。蒸馏过程中，密切注意蒸馏的温度和压力，若有不符，则应调节。控制馏出速度1～2滴/秒。待达到所需的沸点时，更换接收器。若用多头接收器，只需转动接引管的位置，使馏出液流入不同的接收器中。

4. 蒸馏完毕时，撤去热源，慢慢打开毛细管上的螺旋夹，并缓缓打开安全瓶上的活塞，平衡体系内外压力，然后关闭油泵（或水泵）。

6. 拆除装置，清洗仪器。

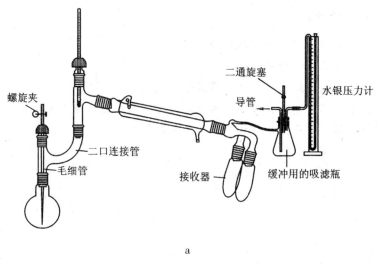

a

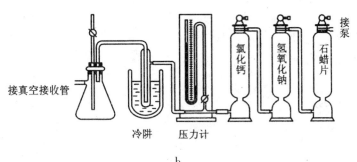

b

图2-42　减压蒸馏装置

【注意事项】

1.减压蒸馏系统中切勿使用有裂缝的或薄壁的玻璃仪器,尤其不能使用不耐压的平底瓶(如锥形瓶),以防引起爆炸。

2.待减压蒸馏的液体中若含有低沸点组分,应先进行普通蒸馏,尽量除去低沸物,以保护油泵。

3.使用水泵时应特别注意因水压突然降低,使水泵不能维持已达到的真空度,蒸馏系统内的真空度比水泵所产生的真空度高,水会倒流入蒸馏系统污染产品。为此,需在水泵与蒸馏系统间安装一个安全瓶。

4.减压蒸馏结束后,安全瓶上的活塞一定要缓慢打开。

【问题与思考】

1. 在怎样的情况下采用减压蒸馏?
2. 减压蒸馏装置应注意什么问题?
3. 在减压蒸馏系统中为什么要有吸收装置?
4. 在减压蒸馏时，为什么必须用热浴加热，而不能直接用火加热?
6. 为什么进行减压蒸馏时须先抽气才能加热?

技能17　水蒸气蒸馏

【方法提要】

水蒸气蒸馏（Steam Distillation）是将水蒸气通入不溶于水的有机物中或使有机物与水经过共沸而蒸出的操作过程，是用来分离和提纯液态或固态有机化合物的方法之一，常用于下列情况：

（1）反应混合物中含有大量树脂状杂质或不挥发性杂质；

（2）要求除去易挥发的有机物；

（3）从固体多的反应混合物中分离被吸附的液体产物；

（4）某些有机物在达到沸点时容易被破坏，采用水蒸气蒸馏可在100 ℃以下蒸出。

被提纯化合物应具备下列条件：

（1）不溶或难溶于水，如溶于水则蒸气压显著下降，例如丁酸比甲酸在水中的溶解度小，所以丁酸比甲酸易被水蒸气蒸馏出来，虽然纯甲酸的沸点（101 ℃）较丁酸的沸点（162 ℃）低得多；

（2）在沸腾下与水不发生化学反应；

（3）在100 ℃左右，该化合物应具有一定的蒸气压（一般不小于1.333 kPa，10 mmHg）。

当水和不（或难）溶于水的化合物一起存在时，整个体系的蒸气压力根据道尔顿分压定律，应为各组分蒸气压之和，即$p=p_w+p_o$，其中p为总的蒸气压，p_w为水的蒸气压，p_o为不溶于水的化合物的蒸气压。当混合物中各组分的蒸气压总和等于外界大气压时，混合物开始沸腾。此时的温度即为沸点。混合物的沸点低于任何一组分的沸点。因此，常压下用水蒸气蒸馏，在低于100 ℃下将高沸点组分与水一起蒸出来。蒸馏时混合物的沸点保持不变，直到其中一组分几乎全部蒸出（因为总的蒸气压与混合物中二者相对量无关）。

伴随水蒸气馏出的有机化合物和水的质量（m_o和m_w）比等于两者的分压与各自的摩尔质量（M_o和M_w，$M_w=18$ g·mol^{-1}）的乘积之比，即

$$\frac{m_o}{m_w}=\frac{M_o p_o}{18 p_w}$$

两种物质在馏出液中的相对质量（也就是在蒸气中的相对质量）与它们的蒸气压和摩尔质量成正比。

由于水的摩尔质量（18 g·mol^{-1}）小而蒸气压（95.5 ℃时为71.994 kPa，540 mmHg）较大，其乘积较小，就有可能分离摩尔质量较大和蒸气压较低的物质，但对相对分子质量很大的物质，由于其蒸气压也很低（低于0.667 kPa，5 mmHg），因而不能应用水蒸气蒸馏。若要增加相对分子质量很大的有机化合物在馏出液中的含量，就必须升温以提高其蒸气压，往往使蒸气温度超过100 ℃，此即过热蒸气蒸馏。为了防止过热蒸气冷凝，需保持接收瓶的温度与蒸气的温度相同。

在实际操作中，过热蒸气还应用在100 ℃时仅具有0.133～0.666 Pa（1～5 mmHg）蒸气压的化合物。例如在分离苯酚的硝化产物中，邻硝基苯酚可用水蒸气蒸馏出来，在蒸馏完邻位异构体以后，再提高温度也可以蒸馏出对位产物。

【操作步骤】

1. 安装装置

常用的水蒸气蒸馏装置包括蒸馏、水蒸气发生器、冷凝和接收器四个部分（见图2-43）。

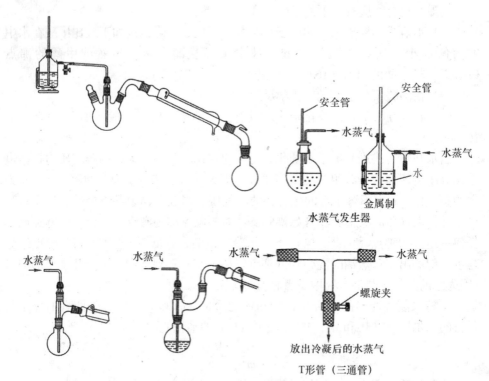

图2-43　水蒸气蒸馏装置

在水蒸气蒸馏装置图中，水蒸气发生器通常盛水量以其容积的2/3为宜。若太满，沸腾时水将冲至烧瓶。要求安全玻璃管几乎插到发生器的底部。当容器内气压太大时，水可沿着玻璃管上升，以调节内压。如果系统发生阻塞，水便会从管的上口喷出。此时应检查导管是否被阻塞。

水蒸气导出管与蒸馏部分导管之间由一T形管相连接。T形管用来除去水蒸气中冷凝下来的水，有时在操作发生不正常的情况下，可使水蒸气发生器与大气相通。蒸馏的液体量不能超过其容积的1/3。水蒸气导入管应正对烧瓶底中央，距瓶底8～10 mm，导出管连接在一直形冷凝管上。

2. 蒸馏

在水蒸气发生瓶中，加入约占容器2/3的水，待检查整个装置不漏气后，旋开T形管的螺旋夹，加热至沸。当有大量水蒸气产生并从T形管的支管冲出时，立即旋紧螺旋夹，水蒸气便进入蒸馏部分，开始蒸馏。如果由于水蒸气的冷凝而使蒸馏瓶内液体量增加，可适当加热蒸馏瓶。但要控制蒸馏速度，以2～3滴为宜，以免发生意外。

当馏出液无明显油珠、澄清透明时，便可停止蒸馏。其顺序是先旋开螺旋夹，然后移去热源，否则可能发生倒吸现象。

【注意事项】

1. 在蒸馏过程中，通过水蒸气发生器安全管中水面的高低，可以判断水蒸气蒸馏系统是否畅通，若水平面上升很高，则说明某一部分被阻塞了，这时应立即旋开螺旋夹，然后移去热源，拆下装置进行检查（通常是由于水蒸气导入管被树脂状物质或焦油状物堵塞）和处理。

2. 蒸馏过程中注意要及时打开T形管下端螺旋夹放出冷凝下来的水。

【问题与思考】

1. 什么是水蒸气蒸馏？
2. 什么情况下可以利用水蒸气蒸馏进行分离提纯？
3. 被提纯化合物应具备什么条件？
4. 水蒸气蒸馏利用的是什么原理？
5. 安全管的作用是什么？
6. T形管具有哪些作用？
7. 发现安全管内液体迅速上升，应该怎么办？
8. 比较水蒸气蒸馏、普通蒸馏和分馏的异同点。

技能18 分子蒸馏技术

【方法提要】

1. 分子蒸馏的原理

分子蒸馏又称短程蒸馏，是一种特殊的液–液分离技术，不同于传统蒸馏依靠沸点差分离原理，而是靠不同物质分子平均自由程的差别实现分离的。所谓分子平均自由程，是指在某一时间间隔内分子自由程的平均值；而分子自由程则是一个分子在相邻两次分子碰撞之间所经过的路程。Langmuir 根据热力学原理推导出分子平均自由程的定义式为：

$$\lambda = \frac{KT}{\sqrt{2}\,\pi p d^2} = \frac{RT}{\sqrt{2}\,\pi N_A p d^2}$$

式中：λ 是分子平均自由程；

d 是分子有效直径；

T 是分子所处环境的温度；

p 是分子所处环境的压强；

K 是波尔兹曼常数；

R 是气体常数，为8.314；

N_A 是阿伏加德罗常数，为 6.02×10^{23}。

从上式可以看出，压力、温度及分子有效直径是影响分子平均自由程的三个主要因素，当压力一定时，特定物质的分子平均自由程随空间温度增加而增大；当温度一定时，分子平均自由程与空间压力 p 成反比，压力越低，气体分子的平均自由程越大。当蒸发空间的压力很低（$10^{-2} \sim 10^{-4}$ mmHg），且使冷凝表面靠近蒸发表面，其间的垂直距离小于气体分子的平均自由程时，从蒸发表面汽化的蒸气分子，可以不与其他分子碰撞，直接到达冷凝表面而冷凝。

即使物系空间的压力和温度相同，对于不同的物质由于分子有效直径不同，其分子平均自由程就存在差异。分子蒸馏的分离作

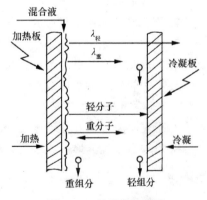

图2-44 分子蒸馏原理

用正是依据分子平均自由程不同这一性质来实现的。其作用原理如图2-44所示。

当液体混合物沿加热器表面自上向下流动时，被加热后分子运动加剧，部分能量足够的分子就从液面逸出成为气相分子，物系中轻分子的平均自由程大，重分子的平均自由程小，此时，若在离开加热面一定距离处设置一冷凝器，要求其冷凝面与加热面的距离恰好小于轻分子的分子平均自由程而大于重分子的分子平均自由程。于是，气相中的轻分子就能到达冷凝面，且不断被冷凝，从而破坏了物系的动态平衡，使混合液中的轻分子不断逸出；但是气相中重分子却不能到达冷凝面，并很快与液相中重分子趋于动态平衡，表观上重分子不再从加热面逸出，据此，液体混合物便在这个装置中实现了轻重物质分离的目的。归纳起来，分子蒸馏过程依次按以下四步进行：

（1）分子从液相主体向蒸发表面扩散

通常，液相中的扩散速度是控制分子蒸馏速度的主要因素，所以应尽量减薄液层厚度及强化液层的流动。

（2）分子在液层表面自由蒸发

蒸发速度随着温度的升高而上升，但分离因素有时却随着温度的升高而降低，所以，应以被加工物质的热稳定性为前提，选择经济合理的蒸馏温度。

（3）分子从蒸发表面向冷凝面飞射

蒸气分子从蒸发面向冷凝面飞射的过程中，可能彼此相互碰撞，也可能和残存于两面之间的空气分子发生碰撞。由于蒸气分子远重于空气分子，且大都具有相同的运动方向，所以它们自身碰撞对飞射方向和蒸发速度影响不大。而残气分子在两面间呈杂乱无章的热运动状态，故残气分子数目的多少是影响飞射方向和蒸发速度的主要因素。

（4）分子在冷凝面上冷凝

只要保证冷热两面间有足够的温度差（一般为70～100 ℃），冷凝表面的形式合理且光滑则认为冷凝步骤可以在瞬间完成，所以选择合理冷凝器的形式相当重要。

2. 分子蒸馏装置

分子蒸馏装置主要包括分子蒸发器、脱气系统、进料系统、加热系统、冷却真空系统和控制系统。分子蒸馏装置的核心部分是分子蒸发器，大体可分为简单蒸馏型与精密蒸馏型。根据分子蒸馏器的结构形式及操作特点，又可分为间歇式分子蒸馏器、降膜式分子蒸馏器、刮膜式分子蒸馏器和离心式分子蒸馏器。

（1）降膜式分子蒸馏器

降膜式装置为早期形式，结构简单，是采取重力使蒸发面上的物料变为液膜降下的方式。将物料加热，蒸发物就可在相对方向的冷凝面上冷凝下来。由于在蒸发面上形成的液膜较厚，效率差，现在各国很少采用。

（2）刮膜式分子蒸馏装置

刮膜式分子蒸馏装置形成的液膜薄，分离效率高，但较降膜式结构复杂。它采取重力使蒸发面上的物料变为液膜降下的方式，但为了使蒸发面上的液膜厚度小且分布均匀，在蒸馏器中设置了一硬碳或聚四氟乙烯制的转动刮板。该刮板不但可以使下流液层得到充分搅拌，还可以加快蒸发面液层的更新，从而强化了物料的传热和传质过程。其优点是：液膜厚度小，并且沿蒸发表面流动；被蒸馏物料在操作温度下停留时间短，热分解的可能性较小，蒸馏过程可以连续进行，生产能力大。缺点是：液体分配装置难以完善，很难保证所有的蒸发表面都被液膜均匀覆盖；液体流动时常发生翻滚现象，所产生的雾沫也常溅到冷凝面上。但由于该装置结构相对简单，价格相对低廉，现在的实验室及工业生产中，大部分都采用该装置。

旋转刮膜式分子蒸馏系统如图2-45所示。通常由以下几个部分组成：

① 主机部分：分子蒸馏系统的主机主要包括蒸发装置和冷凝装置。蒸发装置向物料提供加热能源与蒸发表面。目前热源可以是多种类型，主要设备有蒸气加热、电加热、导热油加热及微波加热等；而冷凝装置主要是提供水冷却的冷凝器。如前所述，蒸发表面与冷凝表面之间的距离必须介于轻重分子平均自由程之间，才能完成分子蒸馏的全过程。对于旋转刮膜式分子蒸馏设备，主机部分还必须有驱动装置，用以驱动物料的分布和成膜刮板做旋转运动。其主要设备是电动机、减速机、支架以及密封机构、中轴承、底轴承等。

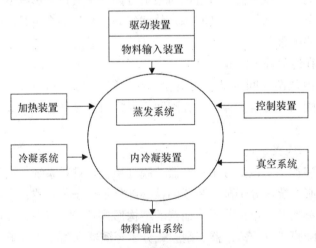

图2-45　旋转刮膜式分子蒸馏系统

② 进出料部分：分子蒸馏系统的进出料部分主要由物料输入装置和物料输出装置组成，用以完成系统的连续进料与排料功能，主要设备通常由储罐、计量

泵和输送泵组成。

③真空部分：分子蒸馏系统的真空部分即真空获得装置，这是系统的关键装置之一。由于分子蒸馏是在极高真空状态下操作，因此必须根据物料的特点进行选择，一般情况下主要设备由冷阱、油扩散泵和机械旋片式真空泵组成。

④控制部分：分子蒸馏系统的控制装置通常要求实现全系统参数的自动控制或电脑控制，即对系统中以上三部分的技术参数实现全机控制，以达到最高的分离效率、分离精度和最低的能耗。

（3）刮板式分子蒸馏装置

刮板式技术采用的是Smith式45°对角斜槽刮板，这些斜槽会促使物料围绕蒸馏器壁向下运动，通过可控的刮板转动就能够提供一个程度很高的薄膜混合，使物料产生有效的微小的活跃运动（而非被动地将物料滚辗在蒸馏器壁上），这样就实现了最短的而且可控的物料驻留时间和可控的薄膜厚度，从而能够达到最佳的热能传导、物质传输和分离效率。刮板式分子蒸馏设备通过一个平缓的过程，进料液体流经一个被加热的圆柱形真空室，利用进料液体薄膜的刮擦作用，将易挥发的成分从不易挥发的成分中分离出来。这种工艺的优势在于：短暂的进料液体滞留时间、凭借高真空性能的充分降温、最佳的混合效率以及最佳的物质和热传导。这种高效的热分离技术的结果是：最小的产品降解和最高的产品质量。进料液体暴露给加热壁的时间非常短暂（仅几秒钟），这部分归因于带缝隙的刮板设计，它迫使液体向下运动，并且滞留时间、薄膜厚度和流动特性都受到严格的控制，非常适合热敏性物质的分离应用。另外，这种带斜槽的刮板不会将物料甩离蒸馏器壁、污染已被分离出来的轻组分。与传统的柱式蒸馏设备、降膜式蒸馏设备、旋转蒸发器和其他分离设备比较，刮板式蒸馏设备被认为要出色得多。

（4）离心式分子蒸馏装置

离心式分子蒸馏装置靠离心力成膜，膜薄，蒸发效率高，但结构复杂，制造及操作难度大。该装置将物料送到高速旋转的转盘中央，并在旋转面扩展形成薄膜，同时加热蒸发，使之与对面的冷凝面凝缩。该装置是目前较为理想的分子蒸馏装置，但与其他两种装置相比，要求有高速旋转的转盘，又需要较高的真空密封技术。离心式分子蒸馏器与刮膜式分子蒸馏器相比具有以下优点：由于转盘高速旋转，可得到极薄的液膜且液膜分布更均匀，蒸发速率更高，分离效率更好；物料在蒸发面上的受热时间更短，降低了热敏物质热分解的危险；物料的处理量更大，更适合工业上的连续生产。

3. 分子蒸馏技术的特点

（1）蒸馏温度低

常规蒸馏是依靠物料中不同物质的沸点差进行分离的，因此料液必须加热至沸腾。而分子蒸馏是利用不同种类的分子受热逸出液面后的平均自由程的不同来实现分离的，只要蒸气分子由液相逸出就可实现分离，可在远低于沸点的温度下进行操作，是一个没有沸腾的蒸发过程。由此可见，分子蒸馏技术更有利于节约能源，特别适用于一些高沸点、易氧化、热敏性物料的分离，且可以分离常规蒸馏中难以分离的共沸混合物。

（2）蒸馏压强低

常规蒸馏装置因为填料或塔板的阻力而难以获得较高的真空度，而分子蒸馏本身是必须降低蒸馏体系的压强来获得足够大的分子平均自由程。分子蒸馏装置内部结构比较简单，整个体系可以获得很高的真空度（一般只有 0.133～1 Pa），物料不易氧化受损且有利于沸点温度降低。此外，分子蒸馏可以通过真空度的调节，有选择地蒸出目的产物，去除其他杂质，还可以通过多级分离同时分离多种物质。

（3）受热时间短

分子蒸馏技术要求加热面与冷凝面间的距离小于轻分子的平均自由程，距离很小且轻分子由液面逸出后几乎未发生碰撞即射向冷凝面，受热时间极短（0.1～10 s）。另外，蒸发表面形成的液膜非常薄，加之液面与加热面的面积几乎相等，传热效率高，这样物料受热时间就变得更短，从而在很大程度上避免了物料的分解或聚合，降低热损伤，使产品的收率大幅度提高。

（4）分离程度高

分子蒸馏常常用来分离常规蒸馏不易分开的物质。对用两种方法均能分离的物质而言，分子蒸馏的分离程度更高。分子蒸馏的相对挥发度可用下式表示：

$$\alpha = \frac{p_1}{p_2}\sqrt{\frac{M_2}{M_1}}$$

式中，M_1 是轻分子的相对分子质量；

M_2 是重分子的相对分子质量；

p_1 是轻分子的饱和蒸气压；

p_2 是重分子的饱和蒸气压；

α 是相对挥发度。

常规蒸馏的相对挥发度为：$\alpha' = p_1 / p_2$，由此可以看出，由于 M_2 大于 M_1，因此分子蒸馏的相对挥发度 α 大于常规蒸馏的相对挥发度，这就表明分子蒸馏较常规蒸馏更易分离，且轻重分子相对分子质量相差愈大，这种差别愈显著，分离效率远高于常规蒸馏。

（5）清洁环保

分子蒸馏技术是一种温和的绿色技术，无毒、无害、无污染、无残留，能极好地保证物料的天然品质，收率高且操作工艺简单、设备少，还可用于脱臭、脱色。

4. 分子蒸馏过程

分子蒸馏过程是：物料从蒸发器的顶部加入，经转子上的料液分布器将其连续均匀地分布在加热面上，随即刮膜器将料液刮成一层极薄、呈湍流状的液膜，并以螺旋状向下推进。在此过程中，从加热面上逸出的轻分子，经过短的路线和几乎未经碰撞就到内置冷凝器上冷凝成液，并沿冷凝器管流下，通过位于蒸发器底部的出料管排出；残液即重分子在加热区下的圆形通道中收集，再通过侧面的出料管中流出。分子流从加热面直接到冷凝器表面。

分子蒸馏的条件：

（1）残余气体的分压必须很低，使残余气体的平均自由程长度是蒸馏器和冷凝器表面之间距离的数倍；

（2）在饱和压力下，蒸气分子的平均自由程长度必须与蒸发器和冷凝器表面之间距离具有相同的数量级。

技能19　超临界流体萃取技术

【方法提要】

1. 概述

任何物质都具有气、液、固三态，随着压力、温度的变化，物质的存在状态也会相应地发生改变。当气-液两相共存线自三相点延伸到气液临界点后，气相与液相混为一体，相间的界线消失，物质成为既非液体也非气体的单一相态，即超临界状态，此时物质不能再被液化。对一般物质而言，当液相和气相在常压下呈平衡状态时，两相的物理性质如黏度、密度等相差显著。而在较高的压力下，这种差别逐渐缩小，当达到某一温度与压力时，两相差别消失，合并成一相，此状态点称为临界点。此时的温度与压力分别称为临界温度（T_c）与临界压力（P_c），当温度和压力略超过临界点时，流体的性质介于液体和气体之间，称为超临界流体（Supercritical Fluid，简称SF）。严格地说，超临界流体是指那些高于又接近流体临界点（T_c、P_c、V_c），以单相形式存在的流体。流体在临界点附近，其物理化学性质与在非临界状态有很大不同，其密度、介电常数、扩散系数、黏度以及溶解度都有显著变化。表2-5列出了不同状态下物质的一些传质特性。

表2-5　气体、液体和超临界流体的性质

性质	气体	超临界流体		液体
	101.325 kPa，15～30 ℃	T_c、P_c	T_c、$4P_c$	15～30 ℃
密度/g·mL^{-1}	$(0.6\sim2)\times10^{-3}$	0.2～0.5	0.4～0.9	0.6～1.6
黏度/g·cm^{-1}·s^{-1}	$(1\sim3)\times10^{-4}$	$(1\sim3)\times10^{-4}$	$(3\sim9)\times10^{-4}$	$(0.2\sim3)\times10^{-2}$
扩散系数/cm^2·s^{-1}	0.1～0.4	0.7×10^{-3}	0.2×10^{-3}	$(0.2\sim3)\times10^{-5}$

从表中数据可以看出，超临界流体的密度比气体的密度要大数百倍，具体数值与液体相当；其黏度仍接近气体，但与液体相比要小两个数量级；扩散系数介于液体和气体之间，大约是气体的1/100，比液体的要大数百倍，因此超临界流体既具有液体对溶质有比较大溶解度的特点，又具有气体易于扩散和运动的特性，其传质速率大大高于液相过程，也就是说超临界流体兼具气体和液体的性质。更重要的是，在临界点附近，压力和温度的微小变化都可以引起流体密度很大的变化，并相应地表现为溶解度的变化，因此可利用压力、温度的变化来实现

萃取和分离的过程。由于超临界流体具有上述优越性，因此超临界流体的萃取效率理应优于液-液萃取。

虽然超临界流体的溶剂效应普遍存在，但实际上由于某种原因需要考虑溶解度、选择性、临界点数据及化学反应的可能性等一系列因素，因此可用作超临界萃取溶剂的流体并不太多。一些常用作超临界萃取溶剂的流体临界性质见表 2-6。

表 2-6　一些常用作超临界萃取溶剂的流体临界性质

物质	沸点/℃	临界点数据			物质	沸点/℃	临界点数据		
		临界温度 T_c/℃	临界压力 P_c/MPa	临界密度 ρ/g·cm^{-3}			临界温度 T_c/℃	临界压力 P_c/MPa	临界密度 ρ/g·cm^{-3}
二氧化碳	−78.5	31.06	7.39	0.448	n-己烷	69.0	234.2	2.97	0.234
甲烷	−164.0	−83.0	4.6	0.16	甲醇	64.7	240.5	7.99	0.272
乙烷	−88.0	32.4	4.89	0.203	乙醇	78.2	243.4	6.38	0.276
乙烯	−103.7	9.5	5.07	0.20	异丙醇	82.5	235.3	4.76	0.27
丙烷	−44.5	97	4.26	0.220	苯	80.1	288.9	4.89	0.302
丙烯	−47.7	92	4.67	0.23	甲苯	110.6	318	4.11	0.29
n-丁烷	−0.5	152.0	3.80	0.228	氨	−33.4	132.3	11.28	0.24
n-戊烷	36.5	196.6	3.37	0.232	水	100	374.2	22.00	0.344

由表 2-6 中数据可知，多数烃类的临界压力在 4 MPa 左右，同系物的临界温度随摩尔质量增大而升高。在表 2-6 所列各物质中以 CO_2 最受注意，是超临界流体技术中最常用的溶剂。CO_2 的临界温度为 31.06 ℃，可在室温附近实现超临界流体萃取操作，以节省能耗；临界温度不算高，对设备的要求相对较低；超临界 CO_2 流体的密度较大，对大多数溶质具有较强的溶解能力，传质速率较高，而水在 CO_2 相中的溶解度却很小，这有利于用近临界或超临界 CO_2 来萃取分离有机物水溶液；CO_2 还具有不可燃、便宜、易得、无毒、化学安全性好以及极易从萃取产物中分离出来等一系列优点。

3. 超临界 CO_2 流体萃取

由表 2-6 可知 CO_2 的临界温度是文献上介绍过的超临界溶剂中临界温度（31.06 ℃）最接近室温的，临界压力（7.39 MPa）也比较适中，但其临界密度（0.448 g/cm^3）是常用超临界溶剂最高的。由于超临界流体的溶解能力一般随流体密度的增加而增加，因此可知 CO_2 流体是最适合做超临界溶剂的。

CO_2作为超临界流体具有许多独特的优点：

（1）超临界CO_2流体的临界温度低，操作温度低，能完好地保存有效成分，不发生次生化反应，特别适用于热敏性成分的提取。

（2）萃取能力强，提取效率高。采用超临界CO_2流体萃取，在最佳工艺条件下能将有效成分几乎完全提取，从而大大提高产品收率和资源的利用率。

（3）萃取能力的大小取决于流体的密度，最终取决于温度和压力，改变其中之一或同时改变，都可改变溶解度，可有选择地进行多种物质的分离，从而减少杂质，使有效成分高度富集，便于质量控制。

（4）超临界CO_2还具有抗氧化、灭菌等作用，有利于保证和提高产品质量。

（5）提取速度快，生产周期短，同时不需要浓缩等步骤，即使加入夹带剂，也可通过分离功能除去或只需要简单浓缩。

（6）CO_2是一种不活泼的气体，萃取过程中不发生化学反应，且CO_2属于不燃性气体，无味、无臭、无毒，故安全性好；CO_2价格便宜，纯度高，容易取得，且在生产过程中循环使用，运行成本低。

（7）超临界CO_2操作参数容易控制，有效成分及产品质量稳定，而且工艺流程简单，操作方便，有利于减少"三废"污染。

（8）超临界流体萃取可直接与GC、TLC、HPLC和SFC等色谱法联用，省去了传统法中的整流、浓缩溶剂的步骤，避免样品的损失、降解或污染，因而可以实现自动化。

4. 夹带剂

超临界CO_2对低分子、低极性、亲脂性、低沸点的成分如挥发油、烃、酯、内酯、醚、环氧化合物等表现出优异的溶解性；对具有极性集团（—OH，—COOH等）的化合物，极性集团愈多，就愈难萃取，故多元醇、多元酸及多羟基的芳香物质均难溶于超临界CO_2；相对分子质量越高，越难萃取，相对分子质量超过500的高分子化合物也几乎不溶于超临界CO_2。而对于相对分子质量较大和极性集团较多的中草药的有效成分的萃取，就需向有效成分和超临界二氧化碳组成的二元体系中加入第三组分，来改变原来有效成分的溶解度，在超临界液体萃取的研究中，通常将具有改变溶质溶解度的第三组分称为夹带剂（也有许多文献称夹带剂为亚临界组分）。一般地说，具有很好溶解性能的溶剂，也往往是很好的夹带剂，如甲醇、乙醇、丙酮、乙酸乙酯等。

5. 工艺过程

利用超临界CO_2的溶解能力随温度或压力改变而连续变化的特点，可将SF萃取过程大致分为两类，即等温变压流程和等压变温流程。前者是使萃取相经过等温减压，后者是使萃取相经过等压升（降）温，结果都能使超临界CO_2有很高的扩散系数，故传质过程很快就达到平衡。此过程维持压力恒定，则温度自然下降，密度必定增加，然后萃取物进入分离器，进行等温减压分离过程，这时超临界CO_2的溶解能力减弱，溶质从萃取相中析出，超临界CO_2再进入压缩机进行升温加压，回到初始状态，这样只需要不断补充少量CO_2，过程就可以周而复始。超临界CO_2流体萃取设备很多，操作及工艺流程也各异，本书以江苏南通华安超临界萃取有限公司HA121-50-01超临界流体萃取装置为例，其工艺流程如图2-46所示。

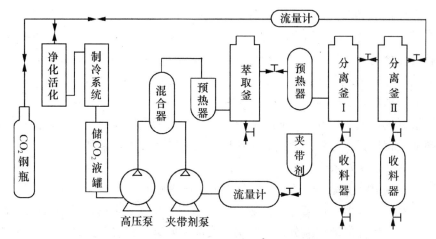

图2-46 超临界CO_2流体萃取工艺流程示意图

【操作步骤】

称取粉碎样品200～500 g装入1 L萃取釜内，设定萃取参数（温度、压力、萃取时间），对萃取釜、分离釜Ⅰ和分离釜Ⅱ分别加热至设定温度，同时开始制冷及冷循环。当各项参数都达到实验要求时，开CO_2和泵。系统压力稳定后，开始计时，按实验设定时间停机，萃取结束后从收料器下端收集萃取液。

【注意事项】

1.萃取时压力需大于CO_2的临界压力7.39 MPa，才可萃取出目标物质，仪器在高压下运行，必须注意安全。

2.萃取开始前，首先一定要检查设备下方各水箱是否装满水，若挥发水面降低，必须先加满水再开始运行。

技能20 高效液相色谱

【方法提要】

高效液相色谱（high performance liquid chromatogragh）简称 HPLC。20 世纪 70 年代后期，HPLC 开始在药物实验中应用，逐渐发展成一种高效、快速分离分析有机化合物的工具。高效液相色谱的原理与柱色谱相似，当液态的流动相在高压驱动下流经填充着固定相的 HPLC 色谱柱时，加载的样品得以分离，并利用其不同的物理性质加以检测。

根据选用的固定相的不同，HPLC 的分离采用吸附、分配、尺寸阻排、离子交换或反相过程。药物化学实验中使用最普遍的是吸附色谱和反相色谱。

1. HPLC 装置系统

一般的 HPLC 系统由以下几部分组成：溶剂贮存器、一个或多个输液泵、溶剂混合室、进样器、色谱柱、检测器和数据记录装置。根据进行的目的是分析还是制备，色谱柱的流出液分别被收集在废品回收装置或将各部分分开收集在试管中。现代的 HPLC 设备中，检测器、数据记录装置和输液泵由计算机控制。

溶剂的混合在它们流经输液泵之前或之后均可以进行。在输液泵之前进行的溶剂混合称为低压混合，仅需要一个输液泵。溶剂分别流经输液泵然后混合，这个过程叫作高压混合。因为后者需要两个或者两个以上输液泵，因此比只用一个输液泵的系统要昂贵很多，但却可以提供更好地控制混合溶剂比例的能力。如图 2-47 是低压高效液相色谱的示意图。

（1）输液泵

HPLC 系统最常用的是往复泵，其活塞在凸轮轴的带动下可以产生几乎恒定的流速。输液泵能在 7000 psi（47 MPa）的压力下输送溶剂。泵头的体积应当小（<1 mL），以利于溶剂成分的快速交换，用于制造输液泵内部（与溶剂有接触）的材料应具惰性。要避免使用含 HCl、HBr 之类的溶剂，因为它们甚至可以腐蚀不锈钢，会导致产生分析错误的 Fe、Co、Ni 等金属不可避免地从不锈钢中溶解出来。输液泵应当细心操作，不应走干。缓冲液，尤其是含氯离子的，由于会腐蚀器壁，绝不允许停滞。

（2）进样器

HPLC 中最广泛应用的进样器是六通阀。阀有两个位置：采样和进样。阀处

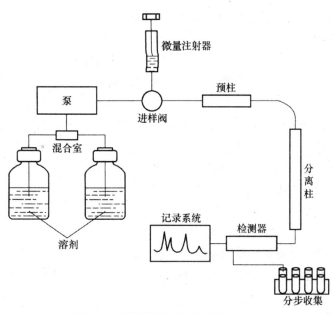

图2-47　低压高效液相色谱的示意图

于采样位置时，样品通过注射器直接进入具有一定容积的管道系统样品环中，多余的样品流入废液槽。大多数的流通阀装备有可移动的能贮存 5 μL～5 mL 溶液的样品环。阀处于采样位置时，溶剂不经样品环直接用泵输送到色谱柱。一旦样品被加载，阀柄移到进样位置，这时样品环与输液泵和色谱柱连接。确定样品被完全地注入，到一次运行之前，阀应当处于进样的位置。在一个新的样品被加入样品环（于采样的位置）之前，应当用溶剂冲洗几遍，以避免交叉污染。任何缓冲液都不能在样品环中放置过夜。如果水基缓冲液被利用，每天用完后都应当用水冲洗样品环。

用于分析目的，注射进色谱柱的样品容积正常的是 20 μL。样品溶液应当无尘。用 0.45 μm 滤膜过滤或 100 000～14 000 r/min 转速下离心几分钟即可。为避免检测时出现问题，样品最好溶解在作为流动相的同一种溶剂中。

（3）色谱柱

色谱柱是 HPLC 系统的"心脏"。分离的质量取决于选用的固定相的类型。相对于 GC，可用作 HPLC 的固定相的数量减少了，但这并不会造成严重的影响，可以选择合适的流动相控制分离效率，从而使得 HPLC 色谱柱变得通用。

对于大多数的分析应用，HPLC 色谱柱一般用不锈钢制成，直径 2～7 mm，长度 10～60 cm，制备型色谱柱尺寸更大。用于不含金属的分析时，玻璃柱和玻璃衬里钢管柱也有商品供应。色谱柱必须用能耐高压的材料制作，不同的固定相有不同的压力限制。使用色谱柱之前，应仔细阅读生产商提供的说明。色谱柱处于高于允许的最大压力时，可能会被永久地毁坏。

在使用色谱柱前，也应检查流动相与固定相的兼容性，因为某些溶剂会对固定相产生永久性的损伤。例如硅胶色谱柱用于尺寸排阻色谱，对大多数有机溶剂有抵抗力，在 pH=2～7 的水溶液中也可以使用，超出此范围，因为部分硅胶会分解成硅酸（H_2SiO_3）而被明显地损坏。采用饱和了硅酸的流动相可以避免这种情况。为此，通常在进样阀之前安装填充硅胶的预柱。流动相慢慢地溶解预柱上的硅胶，饱和了硅酸之后，就不能再溶解了。

为了延长色谱柱的寿命，用同种固定相制成的保护柱，一般安装在进样阀与色谱柱之间。保护柱柱尺寸小，可以阻止颗粒和其他的污染物进入长的色谱柱，保护柱需要经常更换，尤其是测试可能对固定相有损伤的生物样品时更需更换保护柱。

大多数 HPLC 分析是在室温下操作的，采用一些商用的温度调节装置可以做到这些。在较高温度下通过调节温度达到的效果，通常可以通过改变固定相或流动相来加以实现。

为了达到最理想的分离效果，使用前色谱柱必须用流动相加以平衡，使溶剂以中等流速（0.3～1.0 mL/min）流过至少 5 个柱体积。例如，如果色谱柱的体积为 10 mL，用之前，至少应该让 50 mL 的溶剂流过。

（4）检测器

HPLC 通常有三种类型的检测器：紫外-可见、荧光和折射率，其原理是通过柱层析检测任何性质区别于溶剂的溶质，最终检测样品的组成。在检测器中，样品进入一个小的流动池中，在这里测定样品的物理性质。可变波长的紫外-可见检测器，可以用氘灯和钨灯光源，氘灯发射出的连续紫外线波长为 340 nm，而钨灯发射出的波长介于接近紫外和可见光（340～850 nm）之间。波长的选择应该适合于分离时所选用的旋转光栅（光栅是一种利用色散分开辐射各个频率的工具），光束被一分为二，一条通过样品池，另一条通过参比池，参比池中可能只有空气。被样品所吸收的射线波长，是通过比较样品池和参比池的光束强度来确定的。吸附量和摩尔吸附量成正比。提高检测的灵敏度的最好方法是增加池的长度，一般的池的长度为 0.6～1 cm。各种波长的检测器可以方便地找到样品的最大吸收波长，即对样品最灵敏的波长。

对于样品的常规分析，单波长的检测器就成为最广泛的选择，汞灯光源发射的紫外线波长为 254 nm，此波长利于检测某些化合物的特殊吸收，例如芳香类化合物、羰基化合物和含有共轭烯键的化合物。锌灯光源发射出更短的紫外线波长（214 nm），除了烷烃和脂肪族的吸收在 190 nm 以下，大部分的有机化合物可以被检测。在合适的条件下，紫外-可见能检测出的最少样品量可以小

于0.01 μmol/L。除了已经提到的紫外–可见检测，二极管阵列模式越来越流行，这些检测通常很快，并且可以稳定地收集到样品从柱中洗脱出来时的所有紫外光谱数据。

在HPLC的历史上首先应用的是折射率的检测，可以用来检测溶剂和样品之间折射率的不同，但灵敏度仅为紫外–可见检测的千分之一，并且只适用于均相组分，目前，这种检测手段大部分被用作制备和限于非常具体的应用。荧光检测的灵敏度大约是紫外–可见检测的10倍，其工作原理是，选择一定波长的入射光源，入射光源与样品呈90°角射入，照射样品。并非所有的化合物都有荧光，但是芳香类化合物、核酸和蛋白质均有，因此利用荧光检测，在研究这些化合物时显示出非常高的灵敏度。

2. 反相色谱

HPLC最重要的应用是反相色谱。反相色谱包括非极性的固定相和保持一定的极性或者极性逐渐减小的流动相。因为其与固定相的极性和溶剂的极性在洗脱循环中都增加的色谱是完全相反的，故称为反相色谱，与正常的色谱对比，在反相色谱中极性大的物质首先从柱子中下来，最后下来的才是非极性的。

反相色谱最常用的固定相是化学修饰的硅胶凝胶，即在普通硅胶中由特殊的反应物把碳氢链键合到硅胶颗粒上，得到游离的羟基硅胶。三氯十八烷硅就被用作这类反应物，因为它所含碳原子总数为18，所以该固定相被称为碳18，长的碳氢链使得这种固定相呈非极性。反相色谱其他的固定相主要有C_1和C_8，在这类固定相中碳原子的个数为1和8。

反相硅胶柱中通常会含有不确定数目的羟基基团保留在硅原子上，一些羟基是通过三氯硅烷在与硅胶结合时发生Si—Cl键的水解反应而产生的，另一些是因为没有反应的硅烷醇覆盖在硅胶的表面。硅烷醇的存在可能会导致残渣的峰干扰过程，这可以通过用三甲基氯硅烷与游离的硅烷醇反应降到最小限度，这一过程叫作封端反应。

反相柱的分离基础是流动相和固定相的分配机制，固定相是非极性相，是永久的覆盖硅胶固体支持，当极性的流动相通过柱子时，非极性的溶质会优先分配进入非极性的固定相中，这是由于它们都是憎水性的缘故。另一方面，极性的溶质会优先进入极性的流动相中，结果极性的物质会比非极性的物质在柱子中运动得更快。

根据混合物分离，反相高效液相的流动相可以是单一洗脱体系，或是极性不断变小的梯度洗脱体系，在梯度洗脱时，首先用极性的溶剂，洗脱的是极性化合物，非极性的化合物优先进入固定相中，并通过降低洗脱剂的极性，将非极性化合物洗脱下来。

分离极性化合物，建议用C_1和C_8的固定相，但分离非极性的化合物最好选择C_{18}，主要是因为固定相的碳氢链越长，保留时间越长。

3. HPLC溶剂

与开管色谱类似，HPLC有等度洗脱和梯度洗脱两种方式。HPLC最常用的溶剂有甲醇、乙腈、水和水基缓冲液。另外的有机溶剂，如二氯甲烷和己烷等在特定的分离时可以使用。应用于HPLC的溶剂必须无尘，灰尘会引起输液泵故障，阻塞并破坏色谱柱。获得无尘溶剂的一种方法是用带有特定微孔的高分子滤膜过滤。滤纸因会脱纤维素，不能用于过滤。对于大多数应用，孔径0.45 μm的滤膜已经足够。市场上有很多不同的高分子材料制成的滤膜，其中有一些不适用于过滤有机溶剂。各种滤膜的耐化学品性的信息由生产商提供，使用前要进行检查，过滤后的溶剂必须贮存在无尘的容器中。除了用高分子滤膜过滤溶剂外，从溶剂贮存器中抽溶剂的管子的末端也应该安装有烧结金属（通常称为"the stone"）制成的入口过滤器，可以阻止不被注意的微粒进入输液泵。

HPLC分析中经常遇到的一个棘手的问题是检测器中有气泡形成。这些气泡产生噪声基线，从而导致错误读数而影响分析。当用混合溶剂时，气泡的形成非常明显。由于空气的两种主要成分——氧气和氮气在单一溶剂（如甲醇、乙腈、水）中比在混合溶剂中的溶解度要高，因此只要混合饱和了空气的两种溶剂就会产生气泡，这种气泡的形成称为除气作用。如果溶剂在进入输液泵之前混合（低压混合），除气作用发生在混合室，不希望产生的气泡进入输液泵和色谱柱。如果溶剂在高压下混合，由于压力使气体在溶剂中的溶解能力增加，增加直到溶剂进入检测器时除气作用才会发生，在那里压力会有一个实质性的降低。溶剂在使用前进行脱气可以阻止除气作用的发生，向溶剂中喷入氦气不失为一种很好的方法。氦气在HPLC溶剂中的溶解性很有限，因此当氦气被通入溶剂中时会带走溶解在里面的空气，使溶剂中基本不含气体。溶剂使用前通入氦气10～15 min，之后保存在氦气压力为正的容器中，使HPLC的除气作用最小化。尽管通过彻底地通入氦气可以脱气，但由于检测器压力的降低，一些气泡仍会形成。在检测器之后、废液管的末端安装一个限流阀，可以避免此种情况的发生。限流阀的作用是防止检测器出现明显的压力降低。等度（单一溶剂）洗脱时，用之前对溶剂进行脱气不是很重要，因为不存在溶剂的混合，除气作用在输液泵中和检测器中都不会发生，但是在有压力降低的检测器处还是有可能发生，应用限流阀之后即可避免。

选用混合溶剂用于HPLC时，应当注意它们之间的互溶性。在用于分析的浓度范围之内溶剂都应当是完全互溶的。当水基缓冲液与有机溶剂混合时，应仔细选择盐的浓度和所用有机溶剂的量，以免盐沉淀出来。所用有机溶剂的比例越大，盐的浓度越低，越不易发生沉淀。

紫外-可见光谱是最常用的检测从色谱柱流出化合物的方法之一。为了提高灵敏度，必须注意降低溶剂对检测样品的波长的吸收率。每种溶剂都有一个截止波长，即使用这种溶剂采用的最低波长。当波长低于截止波长时，溶剂的吸收太大（>1）。表2-7列出了常用溶剂的截止波长，有时溶剂中含有对选用的波长有吸收的杂质，这种不希望发生的情况可以通过购买HPLC级的溶剂来加以避免。HPLC级的溶剂与盐制成的缓冲液，用之前必须过滤，以除去盐中的灰尘。

表2-7　常用溶剂的截止波长

溶剂	UV截止波长/nm	溶剂	UV截止波长/nm
乙酸	255	乙酸乙酯	256
丙酮	330	正己烷	190
乙腈	190	异丙醇	205
丁酮	329	甲醇	205
甲基叔丁基醚	210	二氯甲烷	230
氯仿	245	四氢呋喃	290
环己烷	200	甲苯	284
水	<190		

4. HPLC的优点及不足

与柱色谱比较，HPLC具有分离效率高、简便及重现性好等优点，使之成为出色的分离手段，其原因在于固定相填料的尺寸小。经典柱色谱的尺寸在0.15～0.5 mm范围，而HPLC的固定相通常采用小到0.003 mm的填料，填料颗粒的尺寸只是普通柱色谱尺寸的千分之几，随着填料尺寸的减小，流速也大大降低，这种情况可以在高压下用泵输送溶剂流经色谱柱加以克服。此外，普通柱色谱通常用于制备，而HPLC则主要用于分析。目前，半制备或制备型HPLC也广泛被采用。大部分开管色谱柱使用一两次就需更换，而HPLC如维护得当，可重复使用，寿命长。

与气相色谱（GC）相比，HPLC可用来分析和制备由于挥发性小不适合于GC进行研究的大分子化合物，从而使蛋白质、核酸、多糖及合成高聚物的研究成为可能。目前已有80%的有机化合物能用HPLC进行分离分析。另一个优于GC的用途是在制备模式下，相对大量的物质（约0.1 g）可以按照顺序很容易地被分离和收集。

HPLC的不足在于缺少通用的具有高灵敏度的检测器，GC采用火焰离子检测器，大部分的有机化合物，甚至是痕量物质，都可以检测。HPLC却要根据被分离混合物的类型而选择不同的检测器。大部分HPLC检测器的灵敏度仅为GC检测器的1%。HPLC和GC被认为是互补的技术，二者联合应用，使研究和表征样品变成可能。

5. 尺寸排阻色谱法

有机化合物的分离也可以根据分子的大小和形状来进行分离，这种分离方法叫作尺寸排阻色谱，也可以叫作凝胶渗透色谱或凝胶过滤色谱。

在尺寸排阻色谱法中，固定相是具有相对明确孔径的多孔固体，小分子（比孔径小的）是可以通过固定相并且要经过一段时间才恢复到溶剂当中的微粒；另外，大分子不能进入固定相中，所以会很快将小分子化合物落在后面。

尺寸排阻色谱有不同型号的固定相，葡聚糖凝胶是一种修饰后的右旋糖苷，常被用来分离蛋白质，这种固定相被广泛地应用到开管色谱，但是不能应用到高效液相柱中，因为它缺乏足够的刚性来承受高压，可用于分离蛋白质的尺寸排阻高效液相色谱。

普通高效液相色谱和特殊尺寸排阻色谱中，习惯用的是洗脱体积，而不是保留时间，洗脱体积V_e是通过修正保留时间t_R和体积流量q_V的乘积计算得到的。

$$V_e = t_R(\text{min}) \times q_V(\text{mL}/\text{min})$$

一方面不能进入固定相微粒的化合物在柱子中无保留时间，先从柱子中洗脱出来，这种用于洗脱大分子的溶剂体积被称为无效流量；另一方面，当非常小的分子进入固定相之后，很快又会从固定相中渗透出来，属于溶剂分子这一类，用来洗脱这种小分子的溶剂体积被称为总输入流量。在给定条件下，它洗脱所有化合物的体积应该在这两种极限洗脱体积之间。

尺寸排阻色谱用于估算巨单核细胞的相对分子质量并显示出其优越性。又如蛋白质，在洗脱完整的蛋白质溶剂体积和它们的相对分子质量的对数之间有线性关系，如下式所示，其中A和B为经验常数，数值取决于柱子和使用条件。

$$V_e = A\lg M + B$$

估算未知蛋白质的相对分子质量时，首先确定一种已知相对分子质量的标准蛋白质的洗脱体积，利用V_e和$\lg M$的相关性建立校准曲线，然后通过测定未知蛋白质的洗脱体积，利用公式估算未知蛋白质的相对分子质量。

6. 定量判定标准曲线法

可以利用和GC相似的方法对高效液相色谱进行定量判定，例如内标法。但还有一种叫作标准曲线的方法，这种是高效液相色谱所用的主要方法。如下式所示：

$$A = F \times V \times c$$

式中A为峰面积，F为绝对响应因子，V为注入体积，c为标准样品的浓度。

如果注入体积一定，那么所给出的图形就是A关于c的一条倾斜直线。这和

GC分析有所不同，因为GC很难控制每次样品注入的体积。

在高效液相色谱中，能够通过测量该区域包含不同的样品浓度和峰面积，然后利用 A 和 c 之间的线性关系来计算绝对响应因子，当确定了绝对响应因子后，分析这条曲线，通过测量区域的面积计算出未知样品的浓度。

【操作步骤】

1. 流动相比例调整

由于我国药品标准中没有规定柱的长度及填料的粒度，因此每次开检新品种时几乎都须调整流动相（按经验，主峰一般应调至保留时间为6～15分钟为宜）。所以建议第一次检验时少配流动相，以免浪费。弱电解质的流动相其重现性更不容易达到，注意充分平衡柱。

2. 样品配制

（1）溶剂；

（2）容器：塑料容器常含有高沸点的增塑剂，可能释放到样品液中造成污染，而且还会吸留某些药物，引起分析误差。某些药物特别是碱性药物会被玻璃容器表面吸附，影响样品中药物的定量回收，因此必要时应将玻璃容器进行硅烷化处理。

3. 记录时间

第一次测定时，应先将空白溶剂、对照品溶液及样品溶液各进一针，并尽量收集较长时间的图谱（如30分钟以上），以便确定样品中被分析组分峰的位置、分离度、理论板数及是否还有杂质峰在较长时间内才洗脱出来，确定是否会影响主峰的测定。

4. 进样量

药品标准中常标明注入10 μL，而目前多数HPLC系统采用定量环（10 μL、20 μL和50 μL），因此应注意进样量是否一致。（可改变样液浓度。）

5. 计算

由于有些对照品标示含量的方式与样品标示量不同，有些是复合盐，有些含水量不同，有些是盐基不同或有些是采用有效部位标示，检验时请注意。

6. 仪器的使用

（1）流动相滤过后，注意观察有无肉眼能看到的微粒、纤维。如有请重新滤过。

（2）柱在线时，增加流速应以0.1 mL/min的增量逐步进行，一般不超过1 mL/min，反之亦然。否则会使柱床下塌、叉峰。柱不在线时，要加快流速也需以每次0.5 mL/min的速率递增上去（或下来），勿急升（降），以免损坏泵。

（3）安装柱时，请注意流向，接口处不要留空隙。

（4）样品液请注意滤过（注射液可不需滤过）后进样，注意样品溶剂的挥发性。

（5）测定完毕请用水冲柱1小时，甲醇冲柱30分钟。如果第二天仍使用，可用水以低流速（0.1~0.3 mL/min）冲洗过夜（注意水要够量），不须用甲醇冲洗。另外需要特别注意的是：对于含碳量高、封尾充分的柱，应先用含5%~10%甲醇的水冲洗，再用甲醇冲洗。

（6）冲水的同时请用水充分冲洗柱头（如有自动清洗装置系统，则应更换水）。

【操作练习】

以岛津LC-20AT高效液相色谱仪为例，练习操作。

1. 技术参数

（1）LC-20AT低压梯度泵

梯度方式：低压混合；混合溶剂数：4液； 混合浓度准确度：1%以下。

（2）SIL-20AC自动进样器

进样量：0.1 μL~100 μL；进样量准确度：1%以下；进样量精密度：0.3%以下（10 mL进样时指定条件下）。

2. 仪器组成

由DGU-20A5脱气机、LC-20AT低压梯度泵、SIL-20AC自动进样器、CTO-20A柱温箱、SPD-20A紫外-可见检测器、RF-20A荧光检测器、CBM-20A系统控制器、LC Solution工作站等组成。

3. 开机

（1）在开机之前，根据所做样品的方法要求，准备好所用流动相、标样及样品。流动相抽滤后超声脱气15分钟，标样和样品0.45 μm膜过滤。

（2）接通电源，依次开启A泵、B泵、柱温箱、自动进样器、检测器、系统控制器，待泵和检测器自检结束后，打开电脑显示器、主机，启动工作站软件。

（3）泵排空操作：打开LC-20AT泵排空阀（逆时针90度以上），按Purge键，泵开始排空运行。检查流动相入口Teflon管路没有气泡后，再按Purge键停止排空。

（4）自动进样器排气操作：按Purge键，自动进样器开始排气，系统默认排气时间为25 min，且自动进样器排气过程中可同时进行其他操作。（除进样外）

（5）压力调零：按LC-20ATvp泵Func键选择CONTROL项，按FUNC键直至

屏幕显示 ***ml ZERO ADJ 项，按 Enter 键，再按 CE 键，即完成调零。然后关紧排空阀（顺时针旋紧）。

（6）再双击 Operation∈Analysis 1～4 进入实时分析窗口（根据不同的检测器选择）：在开机画面中，User ID 选中 Admin，不需输入 Password，点击 OK（可听到峰鸣一声）。

在下面操作中，A∈B 表示在 A 菜单下选择 B，以此类推。选中 □ 表示在 □ 中打 √ 号。

4. 参数设置

在左侧助手栏给出了引导顺序操作的图标，自上而下顺序执行即可（可以跳过执行）：System configuration（系统配置）（第一次安装或更换检测器时配置，通常跳过不操作），System Check（编辑仪器检查参数）并且 RUN（运行检查，通常不操作，跳过）；点击 Data acquisition 进入采集数据编辑方法界面；点击 Instrument Parameter 进入仪器参数设置界面。

（1）选中 Normal（通用简单）或 Advanced（高级详细）项，分别设定 Pumps（泵参数）、Oven（柱箱参数）、Detecter（检测器参数）、Controller（系统控制器参数）、Time Program（时间程序参数）等。仪器配置不同，控制单元项的数目不同。

（2）Pumps 泵参数：Mode（控制方式），Flow（流速），B，C，D Conc（各项浓度），P_{Max}（最大压力）。

（3）Oven 柱箱参数：Oven（设定温度），T_{Max}（最大保护温度）。

（4）Detecter 检测器参数：Cell（设定池温），Wavelength（设定波长），⊙ Controller 系统控制器参数。

（5）Data acquisition 选中 Acquisition Time 后，设置分析时间等。

（6）LC Time Prog 时间程序参数：编辑泵梯度洗脱程序，也可以控制柱箱、检测器等。点击 Method∈Data Analysis Parameter 编辑积分参数：设置 Width（峰宽）、Slope（斜率）、Min Area（最小峰面积）等等。新建方法推荐使用缺省值，待分析完样品后再设置此项参数，得到优化的色谱数据结果后，将参数保存在当前方法中。

5. 保存方法

点击 File∈Save Method as 起文件名保存后，该方法即作为当前运行的方法。下载方法：点击 Download 键，向仪器传送参数。

6. 运行方法

点击图标（Instrument On/Off 系统 开/关）系统开始运行，检查各单元参数应与方法设定一致。等待系统平衡。一般情况下，由于流动相不同，交换平衡时间不定。可以观察 Detecter 检测器吸收变化，如果吸收值稳定不变，即认为接近平衡，可以调零等待，确认不变后，准备进样分析。

可以通过改变衰减⊕或⊖预览基线观察基线变化，待基线平稳，准备进样操作。

7.进样分析

（1）单针进样分析：点击Single Start图标，编辑样品参数：Sample ID（样品信息），Method Name（方法文件名），Data Path（数据存储路径），Data Name（数据文件名），Vial（样品瓶号）（无），Tray#（架号）（无），Injection（进样量）等。点击OK后，开始进样操作。每个样到时间分析结束，根据方法中的积分参数，所有色谱数据会自动进行积分处理。

（2）批量分析：点击批处理图标Batch Processing，点击New新建批处理文件，点击向导Wizard，设定新建、文件方法、试样开始位置、进样量，点击下一步；设定试样名、试样瓶数、进样次数，并选择是否打印报告后，点击完成。待系统平衡，基线稳定后，点击批处理开始图标Batch start即可。需变更在执行中的分析时间时，点击分析时间变更图标，设定数值。需中止分析时，点击中止图标。需暂停批处理分析时点击暂停/重开图标，可对批处理表进行变更；点击暂停/重开图标，批处理实时分析重新开始。

8.报告预览和打印

点击Top返回上级引导操作栏；点击Post Run Analysis进入数据后处理界面；点击Report进入报告界面；点击Report Format进入格式界面。

调入报告格式文件，也可以自己编辑报告格式，然后点击Data打开数据文件，将左侧数据文件拖入右侧报告栏即可。关于报告格式，可以通过内容选择图标，在报告中确定位置后，添加即可变更，点击暂停/重开图标（批处理实时分析重新开始）。

9.关机

（1）更换洗液清洗流路系统（如用缓冲液，先用水清洗1小时，再用有机溶剂清洗30分钟以上），最后用有机溶剂封存。

（2）清洗结束后，停止系统运行，在LC SOLUTION工作站中，按Instrument ON/OFF键即停止所有单元工作。

（3）退出LC SOLUTION（可听到蜂鸣一声），再完全退出。

（4）关系统控制器CBM-20A电源开关。

（5）关主机SPD-20A（或RF-20A）检测器、LC-20AT泵，CTO-20A柱箱电源开关。清洗流路系统要求：如果使用缓冲液，先用水更换缓冲液，清洗1小时，然后更换甲醇清洗40分钟，如果使用有机溶剂（水），直接更换甲醇清洗40分钟即可。

【注意事项】

1. 如果使用前色谱柱中保存的流动相为纯甲醇或纯乙腈，而新流动相中含有缓冲盐，应先用纯水冲洗色谱柱10分钟左右再使用流动相，以免盐析出损坏系统。

2. 流动相的pH值应在2.3～9.5之间。如系统为正相和反相交换使用，应先将所有管路用异丙醇清洗后再更换新流动相使用。四氢呋喃和氯仿等不可长期停留在塑料管道内。

3. 流动相应过滤，不要使用存放超过两天的水相。液相本身的溶剂过滤头不能超声处理。

4. 注意不同厂家商品接头问题，防止漏液和损坏柱子或接头。

5. 检测器的灯应节约使用时间，但不要频繁开关灯。必要时进行波长校准，废液管不可以剪短。

【问题与思考】

1. 高效液相色谱如何选择流动相？

2. 高效液相色谱仪如何维护？

技能21　紫外-可见光谱

【方法提要】

紫外-可见吸收光谱法又称紫外-可见分光光度法，是由于分子中的电子由低能态跃迁到高能态而产生的一种吸收光谱，可用于结构鉴定和定量分析。

一般将波长100～400 nm的区域称为紫外区，100～200 nm的区域为远紫外区，200～400 nm的区域为近紫外区，可见光区为400～800 nm。紫外光谱一般指200～400 nm的近紫外区，常用紫外-可见分光光度计包括近紫外区和可见光区，波长范围在200～800 nm。

1. 基本原理

当外层电子吸收紫外或可见光辐射后，就从基态向激发态（反键轨道）跃迁。主要有四种跃迁形式（如图2-48），所需能量ΔE大小顺序为：$n \to \pi^* < \pi \to \pi^* < n \to \sigma^* < \pi \to \sigma^* < \sigma \to \pi^* < \sigma \to \sigma^*$。事实上有些跃迁，如$\sigma \to \pi^*$、$\pi \to \sigma^*$是禁阻的，实际常见的电子跃迁有以下几种：$\sigma \to \sigma^*$、$n \to \sigma^*$、$\pi \to \pi^*$、$n \to \pi^*$。

$\sigma \to \sigma^*$跃迁：$\sigma \to \sigma^*$跃迁所需能量较大，相应波长小于200 nm，属于远紫外光区，因此很少讨论。

$n \to \sigma^*$跃迁：饱和烃含氧、氮、卤素、硫等具有非成键电子（简称为n电子）的原子时，它们除了有$\sigma \to \sigma^*$跃迁外还有$n \to \sigma^*$跃迁。$n \to \sigma^*$跃迁能量较低，一般在200 nm左右。原子半径较大的硫或碘的衍生物n电子的能级较高，$n \to \sigma^*$吸收光谱的λ_{max}在近紫外光区220～250 nm附近。原子半径较小的氧或氯衍生物，n电子能级较低，吸收光谱λ_{max}在远紫外光区170～180 nm附近。

$\pi \to \pi^*$跃迁：含孤立双键的$\pi \to \pi^*$跃迁的吸收谱带，一般<200 nm。如有孤立双键的乙烯吸收光谱约在165 nm。分子中有两个或多个双键共轭，随共轭体系的增大而向长波方向移动，一般>200 nm。$\pi \to \pi^*$的ε都在10^4以上。

$n \to \pi^*$跃迁：双键中含杂原子（O、N、S等），则杂原子的非键电子有$n \to \pi^*$跃迁，如C=O、C=S、N=O等基团都可能发生这类跃迁。n轨道的能级最高，所以$n \to \pi^*$跃迁的吸收谱带波长最长。

紫外-可见分光光度法定量分析的依据是朗伯-比尔（Lambert-Beer）定律，即在一定波长处被测定物质的吸光度A与它的浓度c呈线性关系。通过下式可计算出ε_{max}值。

$$\varepsilon = \frac{A}{Lc}$$

其中ε是在某一波长（通常是最大吸收波长）下物质的摩尔吸光系数；L是样品液层厚度；c是物质的浓度。

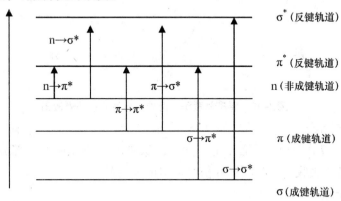

图2-48　电子能级跃迁示意图

2. 基本术语

分子中含有n非键或π键的电子体系，在吸收外来辐射时引起n→π* 和π→π* 跃迁，可产生此类跃迁或吸收的结构单元，称为生色团。例如C═C、C═O、亚硝基、—N═N—、—C≡C、—C≡N等。一些含有n电子的基团（如—OH、—OR、—NH₂、—NHR、—X等）本身没有生色功能（不能吸收λ>200 nm的光），但当它们与生色团相连时，就会发生n→π共轭作用，增强生色团的生色能力（吸收波长向长波方向移动，且吸收强度增加），这样的基团称为助色团。

有机化合物的吸收谱带常常因引入取代基或改变溶剂使最大吸收波长λ_max和吸收强度发生变化：λ_max向长波方向移动称为红移，向短波方向移动称为蓝移（或紫移）。吸收强度即摩尔吸光系数ε增大或减小的现象分别称为增色效应或减色效应。

3. 紫外吸收谱带

紫外吸收谱带总呈较钝的形状，如图2-49所示，一般以波长为横坐标，吸收强度为纵坐标。吸收强度常用摩尔吸光系数ε或$\lg\varepsilon$表示。紫外吸收的强度通常都用最大吸收峰ε_{max}表示。

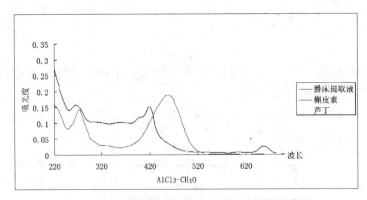

图2-49　爵床总黄酮及两种对照品的紫外光谱图

4.仪器简介

各种类型的紫外-可见分光光度计，从总体上来说由五个部分组成，即光源、单色器、吸收池、检测器和信号显示记录装置。

（1）光源

在整个紫外光区或可见光区可以发射连续光谱，具有足够的辐射强度、较好的稳定性、较长的使用寿命，辐射能量随波长的变化尽可能小。

可见光区：钨灯作为光源，其辐射波长范围在320～2500 nm。

紫外光区：氢、氘灯，作为光源发射185～400 nm的连续光谱。

（2）单色器

单色器是将光源发射的复合光分解成单色光并可从中选出任一波长单色光的光学系统。

（3）吸收池

吸收池用于盛放分析试样，一般有石英和玻璃材料两种。石英池适用于可见光区及紫外光区，玻璃吸收池只能用于可见光区。

（4）检测器

检测器的功能是检测光信号。它们利用光电效应将透过吸收池的光信号变成可测的电信号，常用的有光电池、光电管或光电倍增管。

（5）信号显示、记录装置

信号显示器的作用是放大信号并以适当方式显示或记录下来。常用的信号显示和记录装置有直读检流计、电位计、记录仪、示波器及微处理机。

【操作步骤】

1.样品溶液准备

进行紫外光谱测定时，样品一般配成溶液，所用溶剂必须符合下列要求：

（1）对样品有足够的溶解度；

（2）在测量波段处没有吸收；

（3）不与样品反应。

常用的溶剂有水、乙醇和正己烷等。配制样品溶液的浓度一般在 $10^{-5} \sim 10^{-2}$ mol/L。

2. 光谱的测定和记录

紫外-可见分光光度计的型号很多，操作方法随仪器型号的不同而异，一般分为选择参数、调节记录纸位置、调零和测量等几步。实际操作应在指导老师的指导下进行。

【操作练习】

1. 配置系列标准溶液：准确移取 0.1 mg/mL 的苯酚标准溶液 0.00 mL（1号）、2.00 mL（2号）、4.00 mL（3号）、6.00 mL（4号）、8.00 mL（5号）、10.00 mL（6号）分别置于 50 mL 容量瓶中，各加 10 滴 10% 的 NaOH 溶液，并用蒸馏水稀释至刻度，摇匀。

2. 绘制吸收曲线及标准工作曲线：用 1 cm 石英比色皿，以 NaOH 空白溶液为参比，在 200～300 nm 范围内，测量系列标准溶液中的 3 号（或 4 号）的吸光度 A，绘制吸收曲线，找出最大吸收波长 λ_{max}。以 1 cm 石英比色皿，以 NaOH 空白溶液为参比，在选定的最大吸收波长下分别测定标准系列样品的吸光度 A，绘制标准工作曲线。

3. 测定未知溶液：取未知液 10.00 mL 置于 50.00 mL 容量瓶中，加 10 滴 10% 的 NaOH 溶液，用蒸馏水稀释至刻度；以 NaOH 空白溶液为参比，用 1 cm 的比色皿在最大吸收波长处测定吸光度 A。

4. 计算未知溶液的含量（mg·mL^{-1}）。

【注意事项】

1. 石英比色皿在装入待测液前需用待测液润洗 2～3 次。

2. 绘制吸收曲线时尽可能使各点在一条直线上。

【数据记录与处理】

1. 绘制苯酚碱性溶液的标准工作曲线；

2. 计算未知样中苯酚的浓度。

【问题与思考】

1. 实验中为什么加NaOH?

2. 本实验是在紫外吸收光谱中波长最大的吸收峰下进行测定的, 是否可以在另外两个吸收峰下进行定量测定, 为什么?

技能22　红外光谱

【方法提要】

1. 概述

红外光谱（infrared spectroscopy，简称IR）中由于分子吸收了红外线的能量并导致分子内振动能级的跃迁而产生信号。当一束连续变化的各种波长的红外光照射样品时，其中一部分被吸收，吸收的这部分光能就转变为分子的振动能级和转动能级的能量；另一部分光透过，若将其透过的光用散色器散色，就得到一谱带，以波长或波数为纵坐标，以百分吸光率或透光度为纵坐标，记录下的谱带，就是红外光谱图。

习惯上按红外线波长，将红外光谱分成三个区域：

（1）近红外区：0.78～2.5 μm（12820～4000 cm^{-1}），主要用于研究分子中的O—H、N—H、C—H键的振动倍频与组频。

（2）中红外区：2.5～25 μm（4000～400 cm^{-1}），主要用于研究大部分有机化合物的振动基频。

（3）远红外区：25～300 μm（400～33 cm^{-1}），主要用于研究分子的转动光谱及重原子成键的振动。

其中，中红外区（2.5～25 μm，即4000～400 cm^{-1}）是研究和应用最多的区域，通常说的红外光谱就是指中红外区的红外吸收光谱。红外光谱除用波长λ表征横坐标外，更常用波数（wave number）表征；纵坐标为百分透射比T%。红外光谱法有如下特点：

（1）特征性高：就像人的指纹一样，每一种化合物都有自己的特征红外光谱，所以把红外光谱分析形象地称为物质分子的"指纹"分析。

（2）应用范围广：从气体、液体到固体，从无机化合物到有机化合物，从高分子到低分子都可用红外光谱法进行分析。

（3）用样量少，分析速度快，不破坏样品。

2. 红外光谱的基本原理

红外光谱是由于分子振动能级（同时伴随转动能级）跃迁而产生的，物质吸收红外辐射应满足两个条件：辐射光具有的能量与发生振动跃迁时所需的能量相等；辐射与物质之间有耦合作用。对称分子没有偶极矩，辐射不能引起共振，无红外活性，如：N_2、O_2、Cl_2 等。非对称分子有偶极矩，具有红外活性。

分子的振动能级（量子化）：

$$E_{振}=(\nu+1/2)\,hn$$

ν为化学键的振动频率；

n为振动量子数。

分子振动方程式

$$\Delta E=h\nu=\frac{h}{2\pi}\sqrt{\frac{k}{\mu}}$$

$$\bar{\nu}=\frac{1}{\lambda}=\frac{1}{2\pi c}\sqrt{\frac{k}{\mu}}=1307\sqrt{\frac{k}{\mu}}$$

$$m=m_1m_2/(m_1+m_2)$$

k为化学键的力常数，与键能和键长有关，m为双原子的折合质量。可见，影响基本振动频率的直接因素是相对原子质量和化学键的力常数。谐振子的振动频率和原子的质量有关，而与外界能量无关，外界能量只能使振动振幅加大（频率不变）。对于多原子分子中的每个化学键也可以看成一个谐振子。化学键键强越强（即键的力常数k越大）、原子折合质量越小，化学键的振动频率越大，吸收峰将出现在高波数区。如图2-50为邻羟基苯甲酸的红外光谱图。谱图中横坐标代表波数σ（单位为cm^{-1}）或用横坐标代表波长λ（单位为μm），纵坐标为透过率或吸光度。

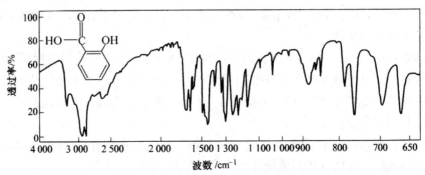

图2-50　邻羟基苯甲酸的红外光谱图

【操作步骤】

1. 样品处理

（1）气体样品的处理

对气体样品，可将它直接充入已抽成真空的样品池内，常用样品池长度在10 cm以上，对痕量分析来说，采用多次反射使光程折叠，从而使光束通过样品池全长的次数达数十次。

（2）液体样品的处理

纯液体样品可采用液膜法和液体吸收池法。液膜法就是将沸点较高的液体直接滴在两块KBr晶片之间，形成没有气泡的毛细厚度液膜，然后用夹具固定，放入仪器光路中进行测试。可以消除由于加入溶剂而引起的干扰，但会呈现强烈的分子间氢键及缔和效应。液体吸收池法就是对于低沸点易挥发样品，要使用固定密封液体池，制样时液体池倾斜放置，样品从下口注入，直至样品池充满为止，用聚四氟乙烯塞子依次堵塞池的入口和出口，然后进行测试。

（3）固体样品处理

固体样品可以采用溴化钾压片法、研糊法。

溴化钾压片法是将1 mg左右的固体样品与100 mg干燥的溴化钾粉末在玛瑙研钵中研磨到粒度小于2 μm，再在压片机上压成几乎呈透明状的圆片后，放入光路系统进行测试。此法定量结果准确，而且容易保存样品。缺点是KBr很容易吸潮，常在3500 cm^{-1}及1640 cm^{-1}出现水的干扰峰。需要时可用KBr作空白对照，消除该区域的干扰。为了成功地测试固体样品，必须注意两点：仔细研磨样品，使粉末颗粒足够小。试样颗粒必须均匀分散，且没有水分存在。

研糊法是在玛瑙研钵内将2～5 mg样品研磨成直径小于2 μm的细小颗粒，往里面滴加两滴液体石蜡后再研磨，使成均匀的糊状物。将研糊放在两氯化钠晶片之间，做成薄膜即可放入光路系统中进行测量。此法方便，可消除水峰的干扰，但由于液体石蜡在2960～2850 cm^{-1}、1460 cm^{-1}、1380 cm^{-1}、720 cm^{-1}等处有明显吸收，如果要观察样品中的甲基及亚甲基吸收，则应改用在4000～1200 cm^{-1}区透明。

（4）薄膜法——特殊样品的处理

对熔点低，熔融时不发生氧化、分解、升华等现象的纯固体化合物可采用熔融法制备，可将样品直接用红外灯或电吹风加热熔融后涂成膜；塑料、高聚物样品可采用溶液涂膜法，即把样品溶于适当的溶剂中，制成稀溶液，然后倒在玻璃片上待溶剂挥发后，形成一薄膜（厚度最好在0.01～0.05 mm），用刀片剥离。薄膜不易剥离时，可连同玻璃片一起浸在蒸馏水中，待水把薄膜润湿后便可剥离。这种方法溶剂不易除去，可把制好的薄膜放置1～2天后再进行测试。或用低沸点的溶剂萃取掉残留的溶剂，这种溶剂不能溶解高聚物，但能和原溶剂混溶；对于某些聚合物可采用热压成膜法，将样品放置在两块具有抛光面的金属块间加热，样品熔融后立即用油压机加压，冷却后揭下薄膜夹在夹具中直接测试。

2. 实验方法

采用溴化钾压片法。

（1）打开电脑及红外光谱仪主机电源，预热半小时。

（2）检查仪器工作状态并设置实验参数。

（3）取 0.5～2 mg 样品，于玛瑙研钵中研细，于研钵中加入 100～200 mg 事先研细至 2 μm 左右、于 110～150 ℃烘箱充分烘干（约需 48 小时）的 KBr 粉末，把样品与 KBr 粉末充分研磨均匀。

（4）把上述均匀的混合物置于模具中，在真空下加压成直径为 5 mm 的半透明片。

（5）将试片在红外灯下干燥片刻后置于红外光谱仪主机的样品架上。

（6）采集样品的透射红外光谱图，并保存谱图。

（7）解析谱图。

【注意事项】

1. 对每一种样品，在制好样之后应立即进行测定或溶剂挥发。

2. 压好的溴化钾片，应放在干燥器中，以防吸潮。

3. 可能会由于液体吸收池的塞子不严，溶剂迅速挥发，在未完成扫描之前池中的溶液就挥发殆尽，得不到完整的谱图。

4. 在使用夹片法或压片法绘制的红外吸收光谱中，常出现水的吸收峰，解析谱图时应注意。

【操作练习】

以 NICOLET 6700 傅里叶变换红外光谱仪的使用为例。

1. 仪器性能

光谱范围：4000～400 cm^{-1}；

分辨率：0.09 cm^{-1}；

信噪比：24000∶1。

2. 操作方法

（1）开启电源。打开稳压电源开关，待电压稳定于 220 V 后，开启一级插线板，开启二级插线板。

（2）开机。按以下顺序开机：红外主机→电脑显示器→电脑主机。

（3）开启 EZ OMNIC 软件。双击电脑桌面（或程序中 OMNIC E. P. S.）上的 EZ OMNIC 窗口，打开软件，参见图 2-51。

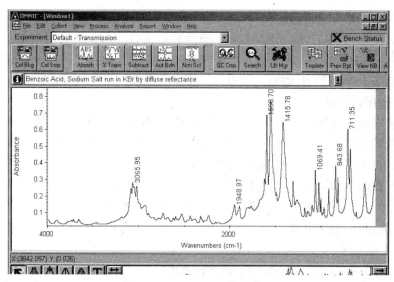

图2-51 EZ OMNIC软件窗口

（4）设置实验条件。点击菜单中的"Collect"，打开"Experiment Setup"，正确选择"扫描次数"、"分辨率"以及采样、采集背景的方式，最好选择"Collect background before every sample"，参见图2-52。

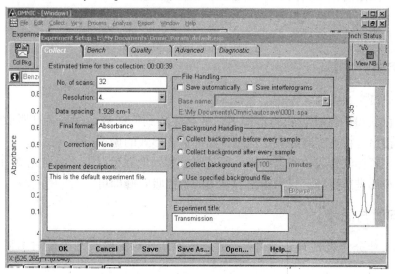

图2-52 EZ OMNIC仪器设置窗口

（5）制样。按正确的制样方法制样。

（6）样品测试。点击菜单中的"Collect"，打开"Collect Sample"命令，按选定的采集数据方式，如采用（4）中的选择，则要在采集背景图后，再打开试样窗口插入样品晶片，作样品谱图。样品溶液可注入液体吸收池内进行测定。将吸收池的两个聚四氟乙烯塞打开，用注射器依次注入纯溶剂及待测溶液，各洗涤吸收池2~3次，然后注满待测溶液。溶液从一个口注入，从另一个口溢出时认为吸收池已充满溶液，塞紧塞子。将充满溶液的吸收池置于红外光谱仪的光路中，对四氯化碳溶液在4000~1350 cm^{-1}范围内扫描，对二硫化碳溶液在1350~650 cm^{-1}范围内扫描。

将夹有或含有样品的溴化钾片安置在磁性压片架上，连同压片架一起置于红外光谱仪的光路中，在4000~650 cm^{-1}区间扫描以绘制红外吸收光谱。

（7）点击"Analyse"栏标峰，或手动标峰。

（8）打印分析结果。开启打印机，鼠标点击"Print"。

（9）操作结束，退出EZ OMNIC。关机顺序：电脑主机→电脑显示屏→红外主机→插线板→稳压电源。

3. 注意事项

（1）仪器开启至少15 min后，再进行测定。

（2）尽可能缩短主机试样窗口拉盖开启时间。

（3）严格防潮：干燥剂、干燥管及时更换，除湿机常开。

（4）仪器常开。

（5）测定前，检查仪器是否处于正常工作状态。

（6）定期尤其是气候变化时，进行仪器自校定。

（7）严格按规程操作。

【图谱分析】

1. 记录实验条件。

2. 在获得的红外吸收光谱图上，从高波数到低波数，标出特征吸收峰的频率，并指出各特征吸收峰属于何种基团的什么形式的振动。

3. 在解释红外吸收光谱时，一般从高波数到低波数，但不必对光谱图的每一个吸收峰都进行解释，只需指出各基团的特征吸收峰即可。

【问题与思考】

1. 红外分光光度计与紫外–可见分光光度计在光路设计上有何不同？为什么？

2. 试样含有水分及其他杂质时，对红外吸收光谱分析有何影响？如何消除？

3. 压片法对KBr有哪些要求？为什么研磨后的粉末颗粒直径不能大于2 μm?

第3章　常用化学软件的应用

在科学技术不断发展的社会，计算机在工作、生产中的应用越来越广泛，人们对软件的要求也越来越高。对于化学工作者，学术论文、科研成果报告等都需要处理大量的化学结构式和化学反应式，这就需要一套专门的化学桌面办公软件。

在化学实验的科学研究过程中，经常要处理大批实验数据，其步骤包括数据记录、整理、分析、计算，然后用表格和图形显示表达，以说明实验现象并做出结论。传统的手工处理实验数据的步骤是记录、整理数据，分析计算，然后在方格纸上描点作图。这种方法繁琐、效率低、误差大。对某些特殊领域的科学实验已开发出专门软件与特定仪器联机使用，做到了实验数据记录、分析、计算、出图一体化，从而提高了实验数据处理的水平与效果，但仍有大量普遍又个性化的实验需要化学工作者运用常用的或某些专业软件来处理实验数据。

化学软件是解放人力劳动、提高劳动效率的有效途径。因此，对于化学工作者，学习化学软件是非常必要的。

3.1　ChemOffice的应用

ChemOffice是美国CambridgeSoft公司的重要产品之一，是目前化学工作者桌面应用的最重要的软件包之一。

分子式和结构式是化学家的语言，这类特殊的数据需要专门软件来处理。目前已经有了许多化学软件问世，其中ChemOffice是国内外最流行、最受欢迎的化学绘图软件，可以建立和编辑与化学有关的一切图形。例如，建立和编辑各类化学式、方程式、结构式、立体图形、对称图形、轨道等，并能对图形进行翻转、旋转、缩放、存储、复制、粘贴等多种操作。基于国际互联网技术开发的智能型数据管理系统，包含的多种化学通用数据库共有四十多万个化合物的性质、结构、反应式、文献等检索条目的分析和利用，可为化学工作者的目标化合物设计、反应路线选择和物化性质预测以及文献的调用提供极大的方便。该软件可以运行于Windows平台下，使得其资料可方便地共享各软件之间。除了以上所述的一般功能外，其Ultra版本还可以预测分子的常见物理化学性质，如熔点、生成热等；对结构按IUPAC原则命名；预测^{1}HNMR及^{13}CNMR的化学位移等。

目前最新的版本是ChemBioOffice 13.0，它包含以下功能模块：

1. ChemBioDraw Ultra 13.0

这个模块是化学结构绘图软件，具有如下的功能：绘制和编辑高质量的化学结构图，识别和显示立体结构，将结构和名称（IUPAC Name）进行转换，包含NMR数据库，能够与Excel集成，能够进行网络数据库的信息管理。

2. ChemBio3D Ultra 13.0

这个模块是用于设计化学模型的应用软件，它用简便易用的图形界面和界面脚本将构建、分析、计算工具融于一体。将二维平面的有机分子结构图形转化为三维的空间结构，在分子和原子水平上模拟和分析分子的立体构象是ChemBio3D Ultra 13.0的一大特点。此外，ChemBio3D Ultra 13.0还提供了一些辅助的计算工具，例如优化模型、构象搜索、分子动力学和计算分子的单点能量。

3. ChemBioFinder Ultra 13.0

这个模块是一个化学信息管理系统，可以用它来管理化学信息。它为化学工作者备份、整理物质的化学结构、物理性质、说明（notes）和数据表格提供了环境。对于人们感兴趣的分子和反应，ChemBioFinder Ultra 13.0可以帮人们在相应的位置作索引，以便查找。利用ChemBioFinder Ultra 13.0，可以通过说明有效而且迅速地查找想要的资料。

4. E-Notebook 13.0

其作用如同实验室的笔记本，可以将各种化学信息有机地组织和结合在一起，能自动进行化学计算，还能对其中的信息进行搜索。

目前ChemOffice软件的模块增加了生物方面的支持，因此，所有的模块名称都已经变更为"ChemBioXXX"，例如"ChemDraw"改为"ChemBioDraw"。但大家都已经习惯了以前的叫法，因此本书仍然按照以前的叫法进行说明。

3.1.1 ChemDraw的使用

ChemDraw是ChemOffice中使用最为频繁的组件，是国际上绝大多数杂志指定的论文排版软件，应用最为广泛。其理念是"化学家能懂的，ChemDraw也应该懂"。

1. ChemDraw 的主要功能

（1）AutoNom：依照 IUPAC 命名化学结构。

（2）ChemNMR：预测 ^{13}C 和 ^{1}H 的 NMR 近似光谱。

（3）ChemProp：预测 BP、MP、临界温度、临界气压、吉布斯自由能、$\lg P$、折射率、热结构等性质。

（4）ChemSpec：可输入 JCAMP 及 SPC 频谱资料，用以比较 ChemNMR 预测的结果。

（5）ClipArt：高品质的实验室玻璃仪器图库，可搭配 ChemDraw 使用。

（6）Name=Struct：输入 IUPAC 化学名称后就可自动产生 ChemDraw 结构。

2. ChemDraw 的启动与退出

（1）启动

从"开始"菜单启动 ChemOffice，即点击"开始"→"所有程序"→"ChemOffice 2012"，就出现 ChemOffice 2012 所含模块的名称，点击"ChemBioDraw Ultra 13.0"即可打开。

（2）退出

单击 ChemDraw 窗口右上角的 按钮。

3. ChemDraw 的窗口界面

ChemDraw 主界面自上而下为菜单栏、工具栏和绘图窗口，如图 3-1 所示。在绘图窗口的【主工具图标板】中，其工具和模板是化学专用的，如图 3-2 所示。绘制各种分子式和方程式使用的主要工具在此基本均可找到。有些模板按钮下面带有小箭头，单击该按钮不松开，会在其右侧弹出子工具栏，其中包括若干相关选项，比如点击箭头右下角的小按钮，就会出现子工具栏，如图 3-3 所示。

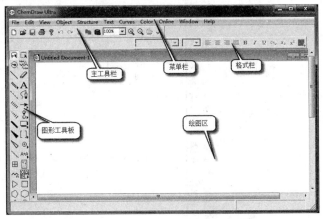

图 3-1　ChemDraw13.0 软件的操作界面

图3-2 主工具图标板

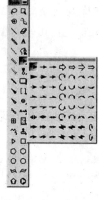

图3-3 箭头工具

4. 绘制结构式

以绘制水杨酸的结构为例，介绍基本结构式的绘制。

选中图形工具板最下端的 ⬡ 按钮，鼠标变成苯环的样子；在绘图区单击鼠标，出现一个苯环。

单击 ⬲（单键）按钮，把鼠标（当选中单键工具时，鼠标在屏幕上显示为十字形）移至苯环的一个角上，出现深色的正方形连接点，如图3-4所示。

图3-4 绘制单键

自连接点拉出一根实线单键，与前一根单键夹角约为109°，松开鼠标，用同样的办法在苯环邻位拉出两个单键，如图3-5所示。

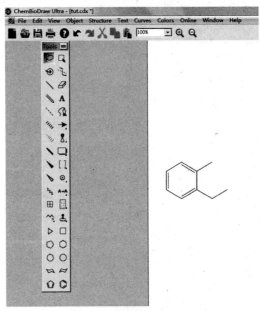

图3-5 绘制多个单键

单击，在特定的连接点上画出双键，如图3-6所示。

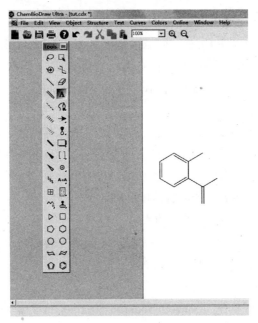

图3-6 绘制双键

单击 **A** ，分别将鼠标移至应该出现羟基或氧原子的位置，待出现连接点后，点击键盘上的OH键或O键。如图3-7所示。

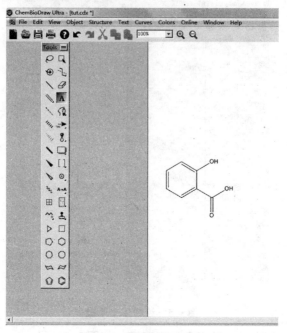

图3-7　绘制"O"及"OH"

整理图形，单击 **Q** 选取框按钮，选中已经画好的水杨酸结构式。然后单击【Structure】，选择【Clean Up Structure】菜单命令，整理图形，得到阿司匹林的结构式。有时一次整理操作并不能将结构式整理到最佳状态，可多执行几次【Clean Up Structure】命令，也可采用快捷键"Ctrl+Shift+K"多调整几次，直到结构式的形状不再变化。

检查图形，ChemDraw可以检查绘制的结构是否有问题，选中结构式后，点击【Structure】，选择【Checkstructure】菜单命令，ChemDraw就会将一个红色方框罩在有问题的原子或官能团上，便于用户检查。该功能是自动执行的，如果结构式中有红色方框罩住的原子或官能团，在绘制时应注意。

5.根据化合物的名称得到结构式

ChemDraw提供了一种功能，可以根据化合物的名称自动给出结构式。化合物的名称必须是英文的，最好是系统命名的。

水杨酸的英文名字为"Salicylic Acid"。

执行"Structure"→"Convert Name to Structure"菜单命令，弹出"Insert Structure"对话框，如图3-8所示。

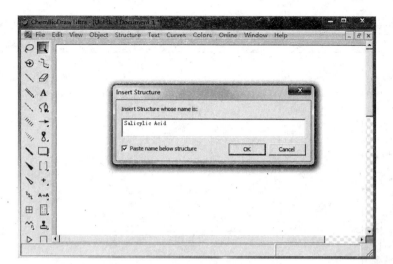

图3-8　输入化合物的名称

在输入框中输入"Salicylic Acid"，单击"OK"，即出现水杨酸的结构式，如图3-9所示。

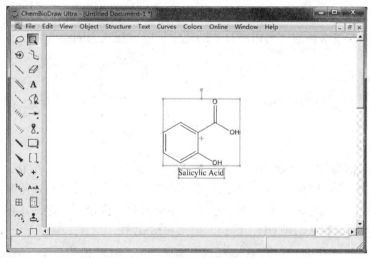

图3-9　水杨酸的结构式

ChemDraw也能根据一些化合物的商品名称或者缩写给出结构式，例如EDTA，见图3-10。

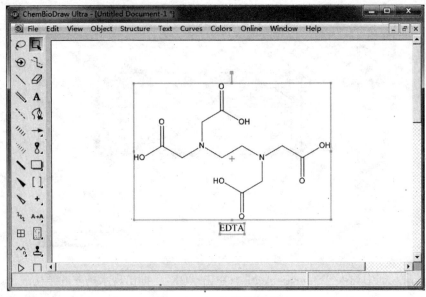

图3-10　EDTA 的结构式

6. 绘制化学反应方程式

以制备乙酰水杨酸（阿司匹林）的化学反应方程式为例：

$$\text{水杨酸} + (CH_3COO)_2O \xrightarrow[\text{水浴85~90℃}]{\text{浓硫酸}} \text{乙酰水杨酸} + CH_3COOH$$

用选取框选中上步绘制的水杨酸结构式，鼠标变成 "手" 形状，按住 Ctrl 键，"手" 形鼠标上出现 "+" 号，向右拖动鼠标，将水杨酸结构式复制出一份到新位置，在羟基上绘制连续的两个单键，在特定的位置绘制双键，并在其终点的连接点上按键盘输入 O 或 OH，得到乙酰水杨酸。

点击 **A**，分别将鼠标移至应该出现醋酸酐和乙酸的位置，用键盘键入 $(CH_3COO)_2O$ 和 CH_3COOH。

点击 →，绘制一条水平箭头，使用文字模板在箭头上下方分别输入 "浓硫酸"，"水浴85~90 ℃"，最终得到乙酰水杨酸合成的化学反应方程式。

如需将化学方程式拷贝到别的软件中，可以用套索工具全部框住后，用 "Ctrl+C" 复制，用 "Ctrl+V" 粘贴。粘贴后的效果如图3-11所示。

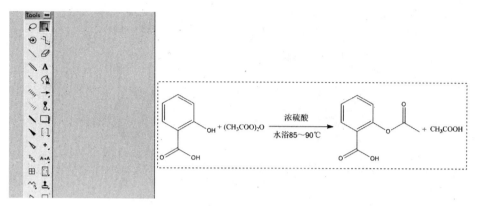

图3-11　复制和粘贴化学方程式

7. ChemDraw 绘制实验装置

在做实验和写论文的时候，经常需要绘制实验装置。ChemDraw 软件提供了相关组件，可以很方便地进行各种实验装备的绘制。下面以搭建一个简单的蒸馏装置为例说明软件的使用。

点击【View】→【Templates】→【Clipware，part 1】菜单命令，将 Clipware，part 1 模板窗口打开，如图3-12所示。

点击【View】→【Templates】→【Clipware，part 2】菜单命令，将 Clipware，part 2 模板窗口打开，如图3-13所示。

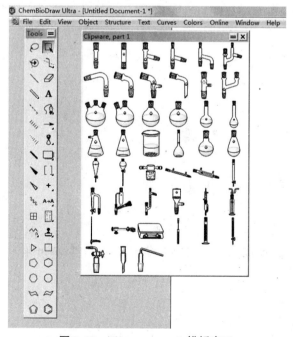

图3-12　Clipware, part 1 模板窗口

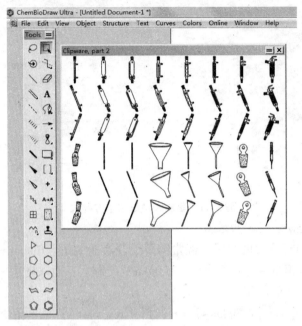

图3-13   Clipware, part 2 模板窗口

　　然后选择合适的铁架台、铁夹、加热器、单口烧瓶、蒸馏头、温度计、直形冷凝管、接收器等模板，并将其拖至绘图区域中，然后将玻璃仪器在磨口处拼接好。安装完成的简单蒸馏装置如图3-14所示。

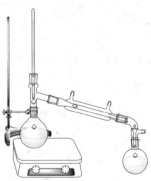

图3-14   蒸馏装置

8. ChemDraw 预测核磁共振化学位移

ChemDraw 可以根据结构式预测分子的 ^1H 和 ^{13}C 核磁共振化学位移。

以阿司匹林为例。

（1）绘制化合物结构式

（2）选中此结构，点击【Structure】→【Predict ^1H-NMR-Shifts】，出现该化

合物的 ^{1}H核磁共振化学位移值及图谱，如图3-15。

（3）缩小当前窗口，返回绘制结构式的窗口。

（4）选中此结构，点击【Structure】→【Predict ^{13}C-NMR-Shifts】，出现该化合物的 ^{13}C核磁共振化学位移值及图谱，如图3-16。

有了这两张谱图，再实测样品的核磁共振，就会心中有数。

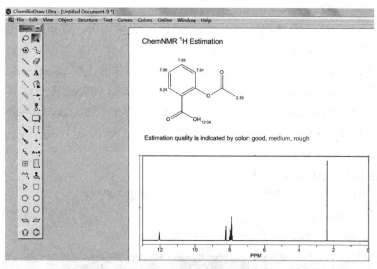

图3-15 阿司匹林的 ^{1}H核磁共振化学位移值及图谱

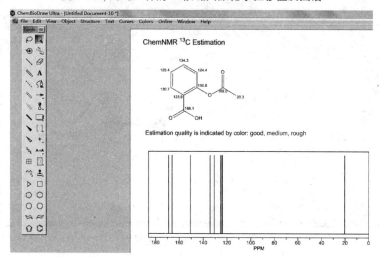

图3-16 阿司匹林的 ^{13}C核磁共振化学位移值及图谱

3.1.2 Chem3D 的使用

Chem3D提供工作站级的3D分子轮廓图及分子轨道特性分析，并和数种量子化学软件结合在一起。由于Chem3D提供完整的界面及功能，已成为分子仿真分析最佳的前端开发环境。

Chem3D是一个三维分子结构演示软件，它上面有和著名的从头计算程序Gaussian的链接接口，可以直接从Chem3D打开Gaussian，作为它的输入输出界面。

1. Chem3D的主要功能

（1）ChemProp：预测BP、MP、临界温度、临界气压、吉布斯自由能、lg P、折射率、热结构等性质。

（2）Excel Add-on：与微软的Excel完全整合，并可连接ChemFinder。

（3）Gaussian Client：量子化学计算软件Gaussian 98W的客户端界面，直接在Chem3D运行Gaussian，并提供数种坐标格式（需要安装Gaussian 98W。）

（4）CS GAMESS：量子化学计算软件GAMESS的客户端界面，直接在Chem3D运行GAMESS的计算。

2. Chem3D的启动与退出

Chem3D的启动与退出和ChemDraw相同，这里不再赘述。

3. Chem3D的主界面

Chem3D的主界面如图3-17所示。

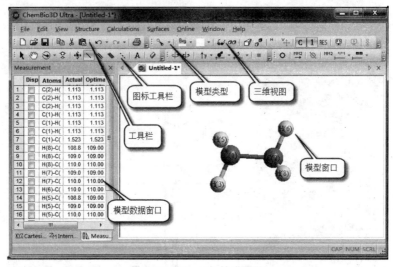

图3-17　Chem3D的主界面

4. Chem3D的参数设置

在File菜单里点Model Settings进入视图参数选项框，如图3-18和图3-19所示。

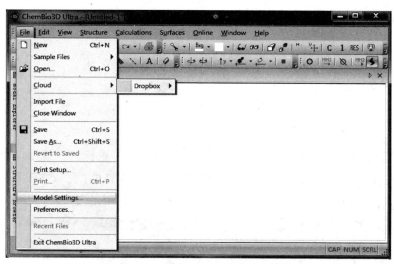

图3-18 参数设置

图3-19 视图参数选项窗口

5. 用Chem3D建立3D模型

Chem3D提供了多种绘图方式，包括最常用的键型工具和利用文本工具。系统启动后，默认选项是单键工具。

（1）利用键工具建立模型

单击 □ 新建一个窗口，然后用鼠标单击工具栏的 ＼ 单键工具，然后在模型窗口中单击左键，并从左向右拖动，就可以得到乙烷的分子模型，圆柱键模型如

图3-20。

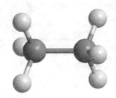

图3-20 乙烷分子模型

在任意一碳原子（C）上单击，并向右拖动，放开鼠标后，就发现在原来的乙烷分子上多了一个甲基（—CH₃），得到丙烷（CH₃CH₂CH₃），点 来调整观察角度。点击 C 和 1 显示原子的符号和标号，如图3-21所示。

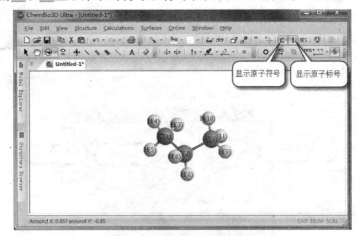

图3-21 显示原子的符号和标号

光标位于原子上，自动显示原子信息，如图3-22所示。

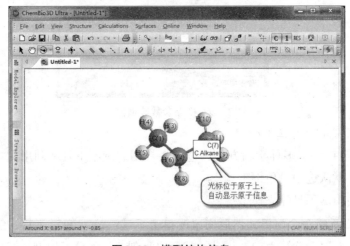

图3-22 模型结构信息

点击"Structure"下拉菜单的"Measurements",详细显示模型的进一步信息,如图3-23所示,模型的键长和键角数据见图3-24。

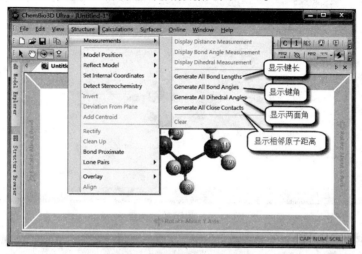

图3-23 模型的进一步信息

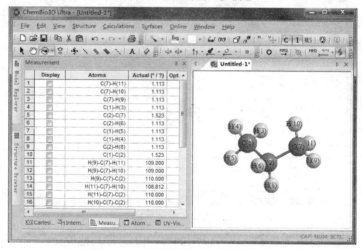

图3-24 模型的键长和键角数据

在标记为C(7)的原子上双击,得到一个文本输入框,在框中输入"N"(注意,一定要大写),如图3-25所示,按回车键,就可以将甲基改为氨基,得到氨基乙烷,如图3-26所示。

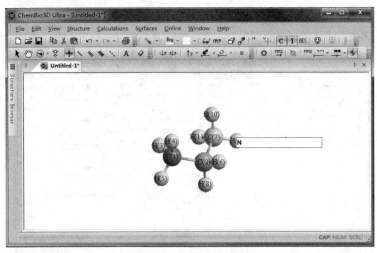

图 3-25　将甲基改为氨基

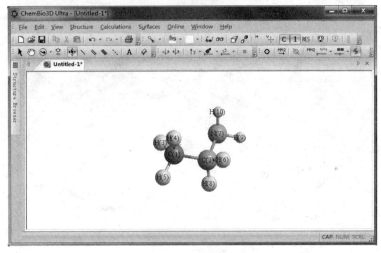

图 3-26　氨基乙烷

　　刚才的甲基变为氨基了，也可以用同样的办法将其他原子变为氨基，或是变为 Cl、O、SO_2 等等。

　　（2）利用文本工具建立模型

　　利用文本工具绘制分子工具模型、绘制分子结构模型图是 Chem3D 的一项特色功能，对于常见的分子，只要直接键入分子结构简式，Chem3D 大都可以显示出其结构，这样就大大简化了绘图的步骤。

　　单击文本工具按钮 A ，激活文本工具，然后在模型窗口中单击，出现文本框，在文本框中输入结构简式，如图 3-27 所示，回车便可以得到相应的结构模型。

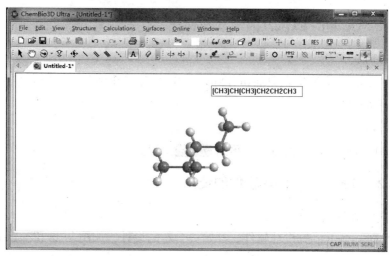

图3-27　使用文本工具输入结构式

3.1.3　ChemFinder 的使用

ChemFinder是一个面向化学信息工作者的数据库管理系统，可以储存化学结构、物理性质、各种记录和数据表，可以方便快捷地搜索感兴趣的分子和反应，并及时地组织整理数据。

数据查询分为3类：结构查询、文本查询和反应式查询。具体使用方法读者可根据需要自己学习。

3.1.4　E-Notebook 的使用

E-Notebook 的作用如同实验室的笔记本，可以将各种化学信息有机地组织和结合在一起，能自动进行化学计算，还能对其中的信息进行搜索。关于 E-Notebook 的使用读者可根据需要自己学习。

3.2　Design-Expert 在化学实验设计中的应用

Design-Expert是一款专门面向实验设计以及相关分析的软件，其功能是设计实验、回归分析、预测优化。不需要扎实的数理统计功底，就可以用这款软件设计出高效的实验方案，并对实验数据做专业的分析，给出全面、可视的模型以及优化结果。

3.2.1　Design-Expert 的启动与退出

1. 启动

从"开始"菜单启动 Design-Expert，即点击"开始"→"所有程序"→"Design-Expert8.0.6"。

2. 退出

单击 Design-Expert 窗口右上角的 ✕ 按钮。

3.2.2　Design-Expert 软件的使用

1. 设计实验

运行 Design-Expert 设计软件，开始一个新的设计，如图 3-28 和 3-29 所示。

图 3-28　运行 Design-Expert 设计软件

图 3-29　开始一个新的设计

每次新建一个实验方案的时候，在软件界面的左边提供4大类实验设计方法，如图3-30所示，具体如下：

Factorial Designs：通过因子设计确定能够影响流程或者产品的关键因素。然后通过改变这些因子达到改进性能的目的。因子设计是最基本的实验设计方法，筛选实验、部分因子实验、全因子实验都是因子设计的重要方法，通常也是响应面方法的前奏，用以了解因子以及交互因子作用的显著性。

Response Surface Methods（RSM）：响应面设计方法通过更多的水平实验方案，拟合二阶以上的模型，帮助我们找到设计的最优点。

Mixture design techniques：混料设计能帮助我们找到最优的混料配方设计。

Combined designs：综合设计，提供设计方案，将流程变量、混料变量以及类型变量等不同的因子放在一个实验方案中一起考虑。

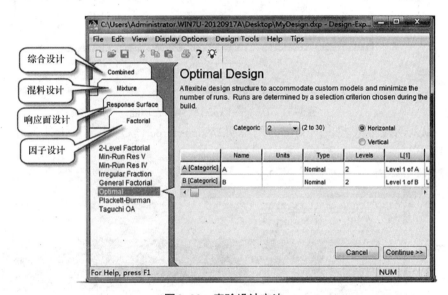

图3-30 实验设计方法

在设计好实验方案之后，左边的菜单界面会变成树形的菜单结构，其中有Design、Analysis、Optimization三个主要的功能，如图3-31所示。

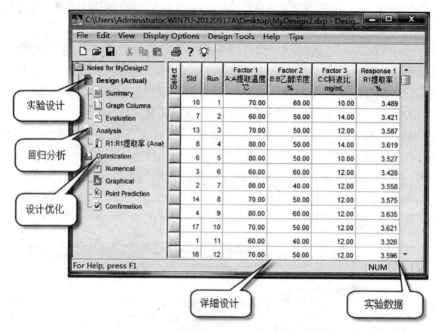

图3-31　Design-Expert软件三大功能

　　以刘明霞等人发表的文章为例说明Design-Expert软件完成从设计到分析及应用的全过程，实验设计见图3-32～图3-38。

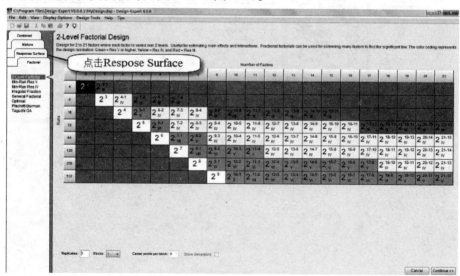

图3-32　选择响应面设计

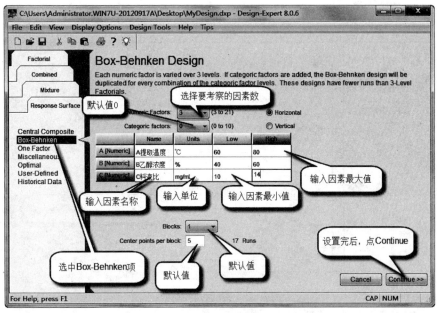

图3-33 选择要考察的因素数（本例为3）

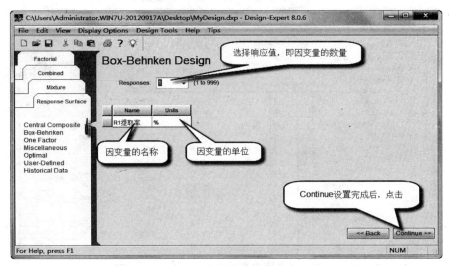

图3-34 给因变量命名

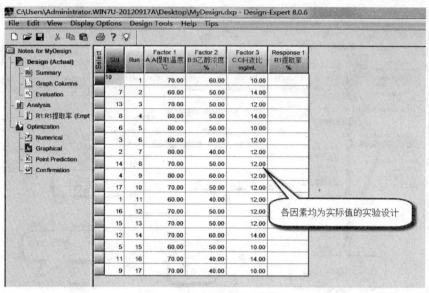

图 3-35　实验设计结果

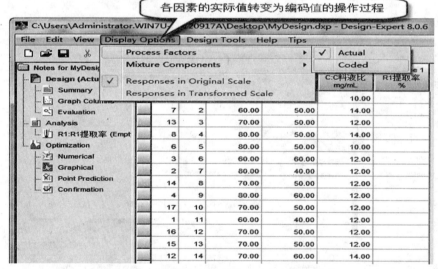

图 3-36　各因素的实际值和编码值的转换操作

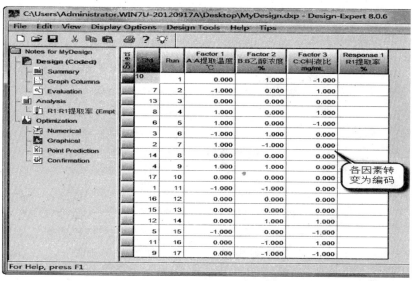

图3-37　各因素转变为编码

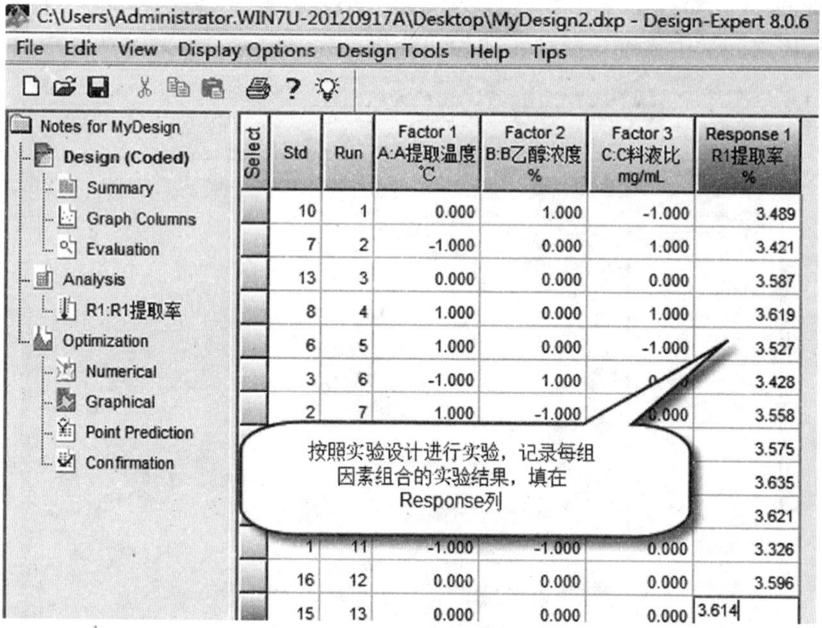

图3-38　实验结果

2. 分析实验数据

对上述实验结果进行分析，线性回归，见图3-39～图3-55。

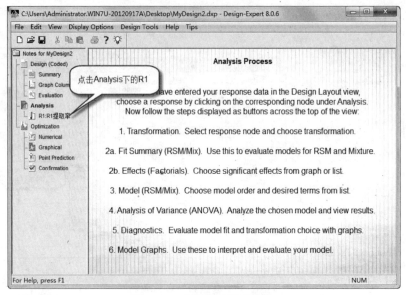

图3-39　分析实验结果操作

Transform: 对模型做一些数学变换，比如对数变换、倒数变换，目的是让因子和响应之间的关系变得简单，比如线性化。

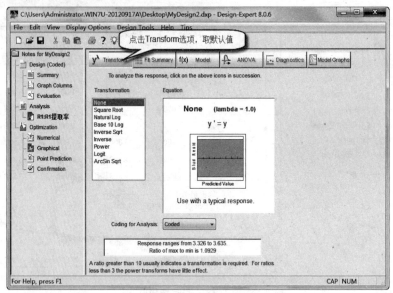

图3-40　Transform选项设置

Fit Summary: 对模型做不同种类的拟合，比如线性拟合、二次拟合、三次拟合等等，目的是看哪种拟合效果最好。

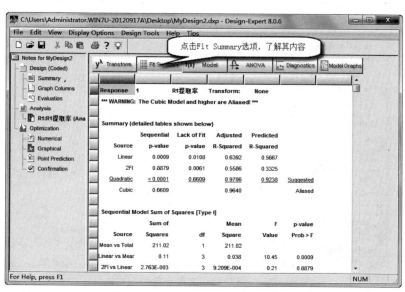

图3-41 查看Fit Summary选项内容

F（x）Model: 在选定数学变化，以及决定采用哪种拟合方式以后就可以在这里对模型的细节进行设置了，比如要保留哪些因子项和交互项。

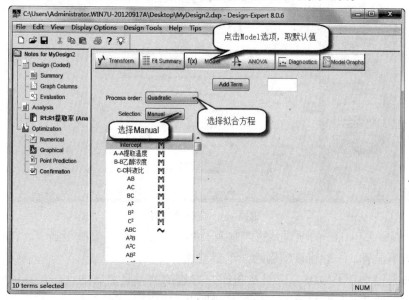

图3-42 设置Mode选项

ANOVA: 方差分析，软件会自动对模型进行拟合，然后根据残差对各种因素的贡献做方差分析，以确定哪些是关键项，必须在模型中保留。

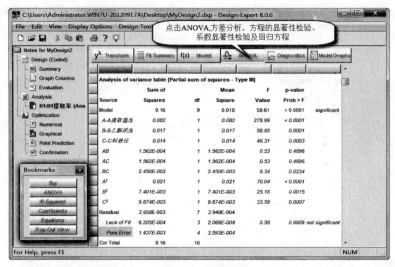

图3-43　方差分析

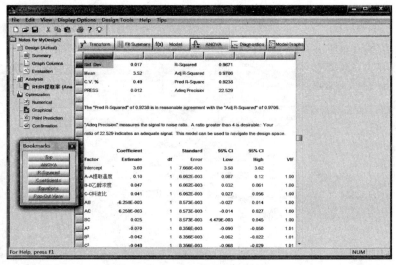

图3-44　显著性检验

P 值中，$P<0.05$ 的项对 R_1 影响显著，$P<0.01$ 的项对 R_1 影响极显著，$P>0.05$ 的项影响不显著，一般将该项剔除，重新计算。

如果模型项 $P<0.05$，说明 R_1 与回归方程的关系是显著的；$P<0.01$ 说明 R_1 与回归方程的关系是极显著的；$P>0.05$ 说明 R_1 与回归方程的关系是不显著的，方程不能用。

失拟项越小越好（平方和等于零最好），对应的 P 值越大越好，$P>0.05$ 说明所得方程与实际拟合中非正常误差所占比例小，表示 R_1 与回归方程关系是好的，否则可能是有的因素没有考虑到。

本例中模型的 $F=69.61>F_{0.01}(9,7)=6.71$，$P<0.0001$，说明 R_1 与该回归模型的关系是极其显著的，用该模型来分析各因素对提取过程的影响是合理的。失拟项 $F=0.58<F_{0.05}(9,3)=8.81$，$P=0.6609>0.05$，复相关系数 $R=0.9871$，说明失拟项是不显著的。以上数据说明该模型拟合度良好，实验误差小（见图3-43~图3-45）。

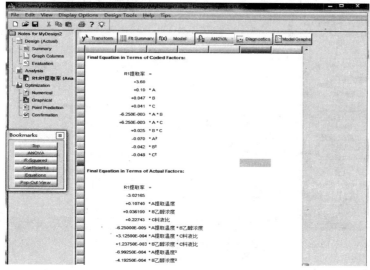

图3-45　回归方程

Diagnostics：在做完拟合之后，用图示的方式给出分析结果，比如残差的正态性、分布的随机性等等。

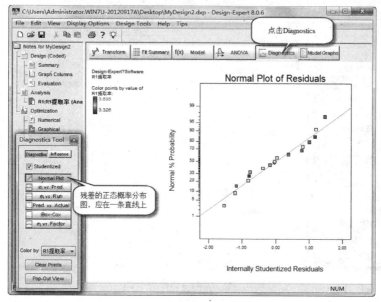

图3-46　残差的正态概率分布

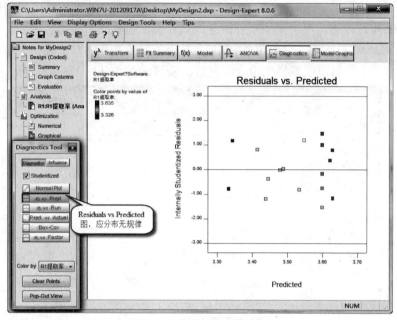

图 3-47　残差对预测散布图

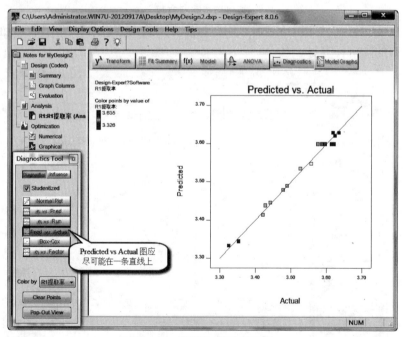

图 3-48　预测与实际分布图

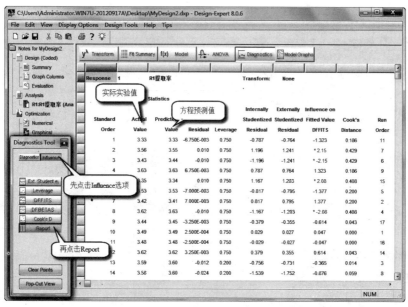

图3-49 预测情况报告

Model Graph: 用图形的方式告诉用户模型是什么样子的，比如用等高线来描述响应和因子之间的函数关系。

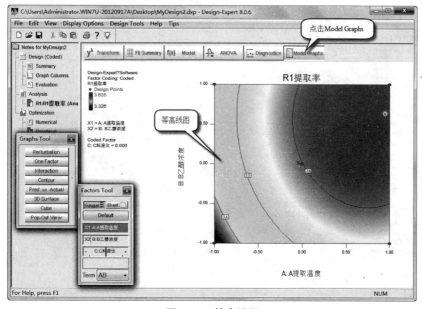

图3-50 等高线图

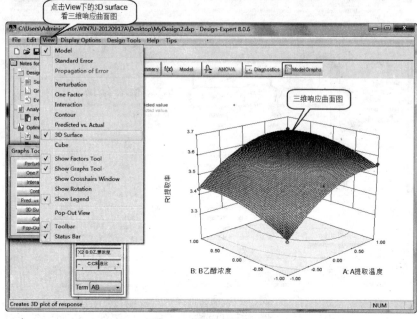

图 3-51　三维响应曲面图

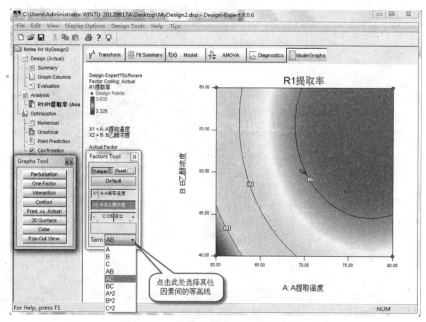

图 3-52　选择其他因素间的等高线

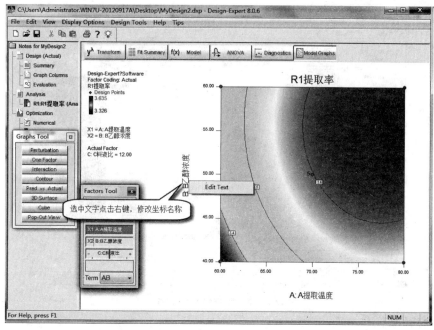

图3-53　修改坐标名称

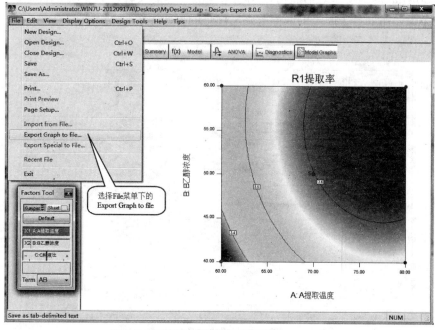

图3-54　响应面图及等高线图导入Word中

图 3-55　保存格式的选择

3. 预测优化

预测优化的过程见图 3-56～图 3-59。

Criteria: 得到模型之后就可以用它来预测最佳的设计参数，Criteria 是给出优化的条件，比如各个因子的取值范围、优化的目标等等。

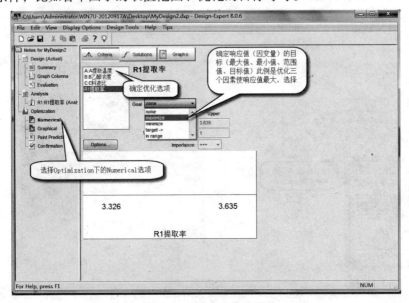

图 3-56　响应值的优化

Solution: 在 Criteria 中设定了优化的约束和目标之后，这里就会给出优化的结

果，一般是用列表的形式给出一些详细设计参数供参考，如图3-57和图3-58。

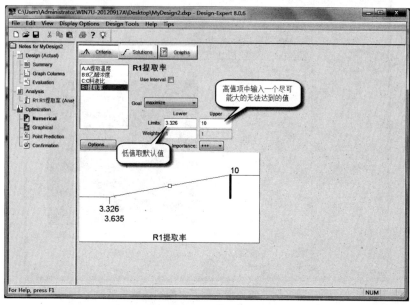

图3-57 响应值的优化设置

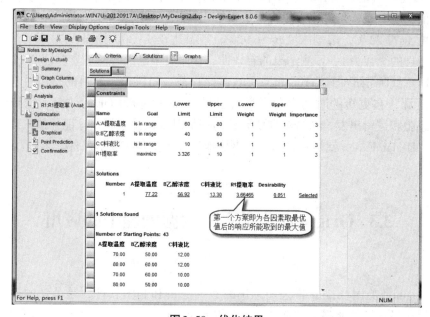

图3-58 优化结果

Model Graph：用图形的方式表示模型的样子，比如用等高线来描述响应值和因子之间的函数关系。

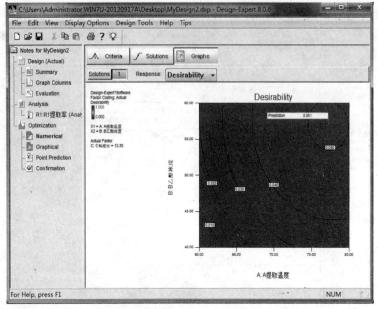

图3-59   响应值和因子之间的函数关系

响应值 R_1 的物理意义是提取率，因而优化标准设置为最大值，如图3-57。图3-58是相应的求解结果，R_1 提取率最优值是3.66。因素水平输入的是实验的实际值，所以实验条件也无须再次进行解码转化，即预测的最佳实验条件为：提取温度 A=77.22 ℃，溶剂浓度 B=56.92%，液料比 C=13.30。图3-50显示的最优化实验条件的个数为1。预测结果的有效性，在原文中已经有验证实验证明。

DOE（Design of Experiment，实验设计）是一门科学，其目的是用科学方法安排资源，在更短的时间内获得科研成果。为了提高DOE的效率，从科学原理、经验和逻辑出发，认真规划要研究的变量以及试验空间，才能最快找到最优设计。Design Expert就是一款更好、更快地设计、优化实验的软件。

3.3   Origin 在化学实验数据处理中的应用

Origin 是美国 OriginLab 公司推出的数据分析和制图软件，是公认的简便易学、操作灵活、功能强大的软件，既可以满足一般用户的制图需要，也可以满足高级用户数据分析、函数拟合的需要，是化学和化工类软件中实用性最强的综合型软件，被化学工作者广泛使用，目前最新版本是 Origin 9.0。

Origin 拥有两大功能，即数据分析和绘图。化学中的数据处理多种多样，Origin 可以根据需要对实验数据进行排序、调整、统计分析、傅里叶变换、线性拟合及非线性拟合等。Origin 提供了几十种二维和三维绘图模版，而且允许读者自己定制绘图模版，绘制二维及三维图形，如散点图、条形图、折线图、饼图、面积图、曲面图、等高线图等。还可以自定义数学函数，可以和各种数据库软件、办公软件、图像处理软件等方便地链接。还可以用内置的 Origin C 语言编程，从而实现更为高级的数据分析与绘图功能。和 Word 一样，Origin 也拥有一个多文档界面，它将所有工作都保存在后缀为".opj"的工程文件中。

3.3.1　Origin 的启动与退出

1. 启动

从"开始"菜单启动 Origin，即点击"开始"→"所有程序"→"OriginLab"→"Origin 9.0"，即可启动 Origin。

2. 退出

单击 Origin 窗口右上角的 按钮。

3.3.2　Origin 的工作界面

Origin 的工作界面如图 3-60 所示。

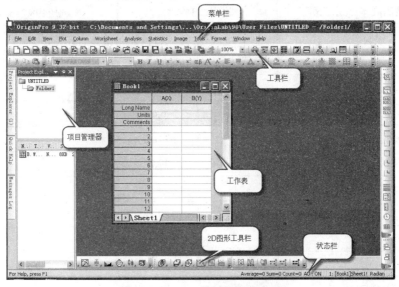

图 3-60　Origin 的初始界面窗口

3.3.3 Origin在化学中的应用

1. 线性回归

化学是一门实验科学，有大量的实验数据需要找出它们之间的关系。这些数据可能是线性相关的，也可能是非线性的。有些非线性关系也可以通过一定的变化转变为线性关系。回归分析是研究随机变量相互关系的重要方法，可以减小实验数据的随机误差，发现数据之间的内在关系。

线性回归也叫线性拟合，是回归分析中最常用、最简单的方法。即数据间的关系可用一元一次方程描述。

以液体饱和蒸气压与温度的关系为例，实验记录见表3-1，详细讲述Origin软件处理化学实验数据的过程。液体饱和蒸气压与温度的关系可用克拉贝龙-克劳修斯方程表示为

$$\frac{\mathrm{d}\ln p}{\mathrm{d}T} = \frac{\Delta H}{RT^2}$$

积分得 $\ln p = A - \dfrac{\Delta H}{RT^2}$，用 $\ln p$ 对 $1/T$ 作图，可得一条直线。直线的斜率为 $-\dfrac{\Delta H}{R}$，截距为 A。根据斜率求摩尔蒸发热 ΔH。

表3-1 液体饱和蒸气压与温度的实验数据

被测液体:无水乙醇		室温: 23.36 ℃	大气压:98.21 kPa	
恒温槽温度		$\frac{1}{T}$ /K	压力计读数	液体的蒸气压
$t/℃$	T/K		$\Delta p/kPa$	$p=p_{大气}+\Delta p/kPa$
				$\ln p$
79.68			0.00	
78.14			−6.63	
76.96			−11.20	
76.26			−17.27	
73.48			−23.31	
71.06			−29.72	
69.46			−34.61	
66.88			−40.46	

具体步骤如下：

（1）新建一个项目；

单击"File"→"New"→"Project"，如图3-61所示。

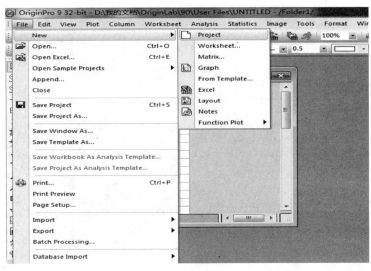

图3-61　新建项目

（2）数据的输入

首先设置数据的格式以及有效数字的位数，选中要设置的列，单击右键，在弹出的快捷菜单中单击"Format Cells"，如图3-62所示，出现对话框，如图3-63所示，设置 Digits，选择 Set Decimal Places，在 Decimal Number 后填写 "2"，单击 "OK"。然后将气体沸点实验数据输入A列。

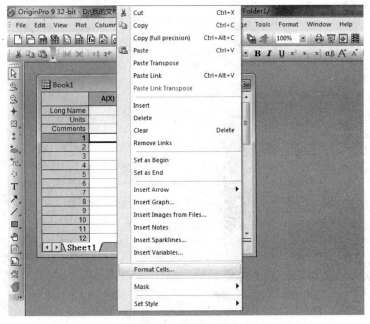

图3-62　设置单元格格式

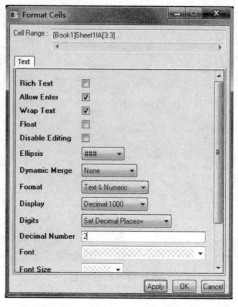

图3-63　设置有效数字的位数

（3）在B列用公式填入数据

在B列标题上单击右键，在弹出的快捷菜单中单击"Set Column Values"，如图3-64所示，出现对话框，如图3-65所示，计算范围设定为从1～8，计算公式为1/（Col（A）+273.15）。单击OK。

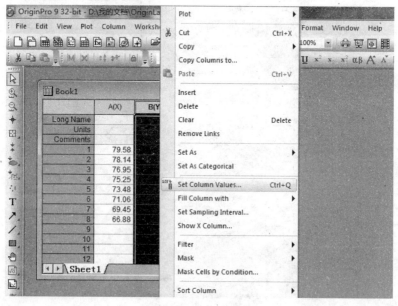

图3-64　填入列数据

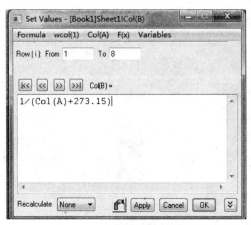

图3-65 设置B列数据的公式

（4）增加新列

在工作表空白处单击右键，在弹出的快捷菜单中选择"Add New Column"，增加一列，同样再增加两列，如图3-66所示。

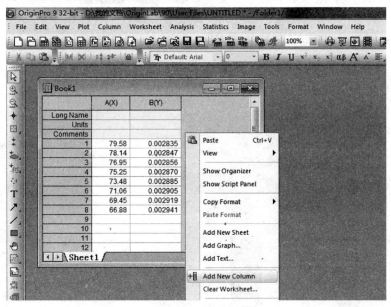

图3-66 增加新列

（5）将水银柱高度数据输入新增的C列。

（6）在D列标题上单击右键，在弹出的快捷菜单中执行"Set Column Values"菜单项，出现对话框，计算公式为：98.21+col(C)，计算范围为1～8，如图3-67所示。

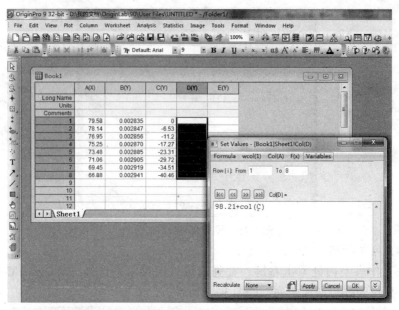

图 3-67　设置 D 列数据

（7）类此操作 E 列，计算公式为 $\ln(\mathrm{col}(\mathrm{D}))$，计算范围为 1～8。至此数据的预处理完成。

（8）在 B 列标题上单击右键，在弹出的快捷菜单中选择"Set As"→"X"，如图 3-68 所示。

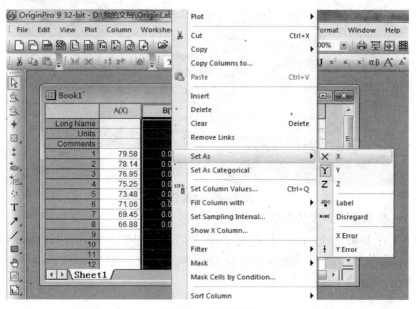

图 3-68　设置坐标

（9）单击B列标题，单击E列标题，然后单击左下角 按钮，制散点图，如图3-69所示。

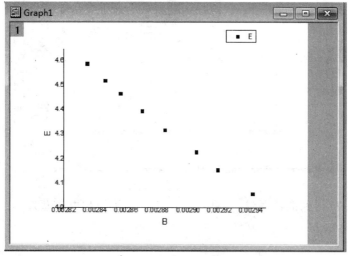

图3-69　制散点图

（10）选中散点图，执行"Analysis"→"Fitting"→"Fit Linear"命令，如图3-70所示，可得线性回归直线，在"Result Log"窗口可以看到线性回归的结果，如图3-71所示。

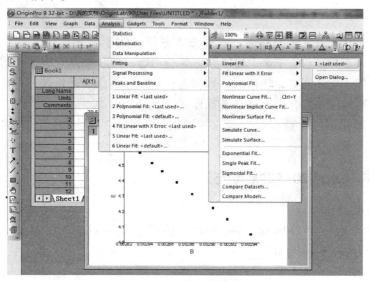

图3-70　拟合直线方法

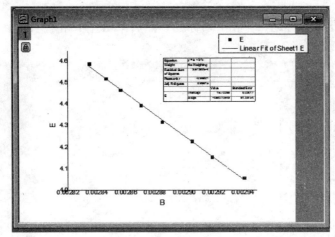

图3-71　拟合直线结果

由图3-71得到拟合直线$y=-4990x+18.72$，从而算出摩尔蒸发热$\Delta H=4990 \times R \times 10^{-3}=41.49$ kJ/mol。

3.4　Excel 2013在化学实验数据处理中的应用

Excel 2013是全新的界面，可以更加简洁、快速地获得具有专业外观的结果。和旧版本相比较，Excel 2013有更多的功能：即时数据分析；瞬间填充整列数据；增加了更多函数，快速地将数据进行分析，转化成透视表、各种统计图表等，而且有预览功能，可以随意选择样式。

在处理化学实验数据时，经常用到的Excel 2013功能有制作表格、函数计算、图形表示。

3.4.1　Excel 2013的启动与退出

1. 启动

从"开始"菜单启动Excel 2013，即点击"开始"→"所有程序"→"Microsoft Office Excel 2013"。

2. 退出

单击Excel 2013窗口右上角的 ▉ X ▉ 按钮。

3.4.2 Excel 2013 的工作界面

Excel 2013 的窗口界面主要由"文件"菜单、标题栏、快速访问工具栏、功能区、编辑区、工作表格区、滚动条和状态栏等元素组成，见图3-72。

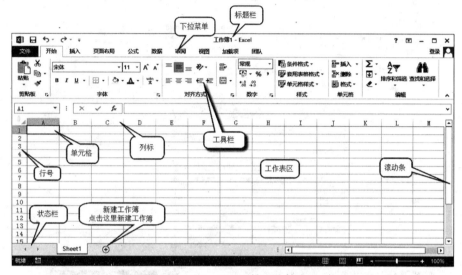

图3-72 Excel 2013 的工作簿窗口

3.4.3 Excel 2013 在化学中的应用

1. Excel 2013 软件的函数计算功能

Excel 2013 具有数百个有用函数。这些公式简化了数字、时间、文本等进行计算的复杂过程。本书主要介绍 Excel 2013 软件中统计函数的应用。

以硼砂标准溶液标定 HCl 溶液的浓度为例，实验数据见表3-2，对其作统计处理，步骤如下：

（1）将表3-2中的数据输入 Excel 2013 表格，然后在 Excel 2013 表格中添加列，并输入相关字段名称。

表3-2 硼砂标准溶液标定 HCl 溶液的浓度

测定次数(n)	1	2	3	4	5	6
分析结果/mol·L^{-1}	0.1020	0.1022	0.1023	0.1025	0.1026	0.1029

（2）选择"公式"菜单下的"插入函数"按钮，选择"类别"中的统计函数，然后从中选取函数名：AVERAGE 表示用于计算所选数据区域的算术平均值；AVEDEV 表示用于计算所选数据区域的平均偏差；STDEV 表示用于计算所

选数值区域的标准偏差。

（3）定位单元格，选择"公式"菜单下的"插入函数"按钮，出现对话框，选择要插入的函数，如图3-73所示；点击"确定"，选定数据区域，如图3-74所示；点击"确定"，即可得到结果。

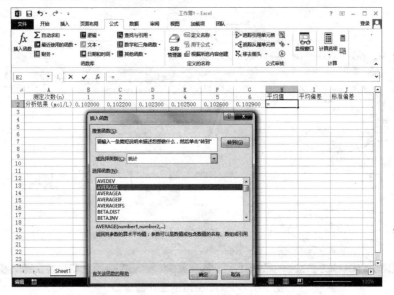

图3-73　插入函数名称

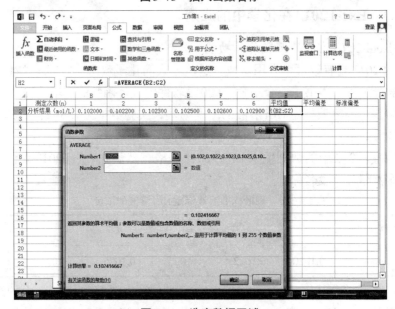

图3-74　选定数据区域

用同样的方法计算平均偏差、标准偏差，计算结果见图3-75。

图3-75 计算结果

2. 用 Excel 2013 的绘图功能进行回归分析

以分析化学中分光光度法测定合金中 Mn 为例,说明 Excel 2013 绘图功能在回归分析中的应用。实验数据见表3-3。

表3-3 实验数据表

Mn的质量 $m/\mu g$	0	0.02	0.04	0.06	0.08	0.10	0.12	未知样
吸光度 A	0.032	0.135	0.187	0.268	0.359	0.435	0.511	0.242

数据处理步骤如下:

(1)在 Excel 2013 工作表中输入表3-3中的数据。A2~A8 单元格输入 Mn 的质量,B2~B8 单元格输入相应的吸光度值。

(2)选中数据,单击插入"散点图"。选择散点图类型,如图3-76所示,得到散点图。

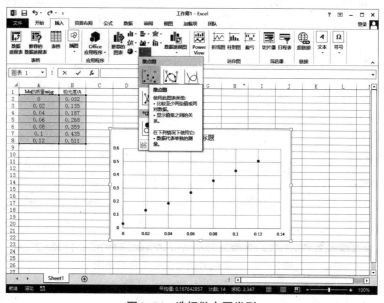

图3-76 选择散点图类型

（3）右键点击散点图中的一个点，选择添加趋势线，如图3-77，在弹出的对话框中选择分析类型，选择"线性"，选定"显示公式"和"显示R平方值"，得到拟合结果，见图3-78。

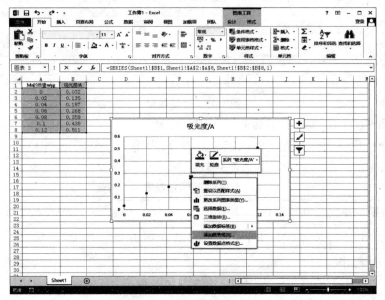

图3-77　选择趋势线类型

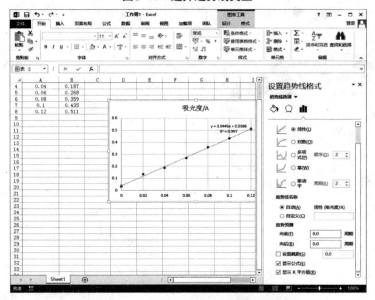

图3-78　设置趋势线格式及拟合结果图

得到线性回归方程$y=3.9446x+0.0386$和相关系数R的平方值0.997。根据线性方程易知，当吸光度$A=0.242$时，Mn的质量为0.052 μg。

附　录

附录1　常用酸碱溶液的浓度

溶液名称	密度/g·mL⁻¹(20 ℃)	质量分数/%	物质的量浓度/mol·L⁻¹
浓 H_2SO_4	1.84	98	18
稀 H_2SO_4	1.18	25	3
	1.06	9	1
浓 HNO_3	1.42	69	16
稀 HNO_3	1.20	33	6
	1.07	12	2
浓 HCl	1.19	28	12
稀 HCl	1.10	20	6
	1.03	7	2
H_3PO_4	1.7	85	15
浓高氯酸($HClO_4$)	1.7～1.75	70～72	12
稀 $HClO_4$	1.12	19	2
冰醋酸(HAc)	1.05	99	17
稀 HAc	1.02	12	2
氢氟酸(HF)	1.13	40	23
浓氨水($NH_3·H_2O$)	0.88	28	15
稀氨水	0.98	4	2
浓 NaOH	1.43	40	14
	1.33	30	13
稀 NaOH	1.09	8	2
$Ba(OH)_2$(饱和)	—	2	0.1
$Ca(OH)_2$(饱和)	—	0.15	—

附录2 常用标准缓冲溶液pH值与温度对照表

温度 ℃	四草酸氢钾 0.05 mol/L	邻苯二甲酸氢钾 0.05 mol/L	混合磷酸盐 0.025 mol/L	硼砂 0.01 mol/L
5	1.67	4.00	6.95	9.39
10	1.67	4.00	6.02	9.33
15	1.67	4.00	6.90	9.28
20	1.68	4.00	6.88	9.23
25	1.68	4.00	6.86	9.18
30	1.68	4.01	6.85	9.14
35	1.69	4.02	6.84	9.11

附录3　常用基准物质的干燥条件及应用

基准物质		干燥后的组成	干燥条件	标定对象
名称	化学式			
碳酸氢钠	$NaHCO_3$	Na_2CO_3	260～270 ℃干燥至恒重	酸
硼砂	$Na_2B_4O_7 \cdot 10H_2O$	$Na_2B_4O_7 \cdot 10H_2O$	置于有NaCl和蔗糖饱和溶液的密闭容器中	酸
邻苯二甲酸氢钾	$KHC_8H_4O_4$	$KHC_8H_4O_4$	100～120 ℃干燥1 h	碱
草酸钠	$Na_2C_2O_4$	$Na_2C_2O_4$	130 ℃	氧化剂
金属锌	Zn	Zn	室温干燥器保存	EDTA
碳酸钙	$CaCO_3$	$CaCO_3$	110 ℃	EDTA
重铬酸钾	$K_2Cr_2O_7$	$K_2Cr_2O_7$	140～150 ℃	$Na_2S_2O_3$
氯化钾	KCl	KCl	500～600 ℃	季铵盐 CTAB
硫酸氢钾	$KHSO_4$	K_2SO_4	750 ℃以上灼烧	$BaCl_2$
氯化钠	$NaCl$	$NaCl$	250～350 ℃加热1～2 h	$AgNO_3$

附录4 缓冲溶液的配制方法

pH值	配制方法
0	1 mol/L 的盐酸溶液
1	0.1 mol/L 的盐酸溶液
2	0.01 mol/L 的盐酸溶液
3.6	$CH_3COONa \cdot 3H_2O$ 20 g,6 mol/L 乙酸 134 mL,稀释至 500 mL
4.0	$CH_3COONa \cdot 3H_2O$ 20 g,6 mol/L 乙酸 134 mL,稀释至 500 mL
4.5	$CH_3COONa \cdot 3H_2O$ 20 g,6 mol/L 乙酸 68 mL,稀释至 500 mL
5.0	$CH_3COONa \cdot 3H_2O$ 50 g,6 mol/L 乙酸 134 mL,稀释至 500 mL
5.7	$CH_3COONa \cdot 3H_2O$ 100 g,6 mol/L 乙酸 134 mL,稀释至 500 mL
7.0	NH_4CH_3COO 77 g,水稀释至 500 mL
7.5	NH_4Cl 50 g,15 mol/L $NH_3 \cdot H_2O$ 3.5 mL,稀释至 500 mL
8.5	NH_4Cl 40 g,15 mol/L $NH_3 \cdot H_2O$ 8.8 mL,稀释至 500 mL
9.0	NH_4Cl 35 g,15 mol/L $NH_3 \cdot H_2O$ 24 mL,稀释至 500 mL
9.5	NH_4Cl 30 g,15 mol/L $NH_3 \cdot H_2O$ 65 mL,稀释至 500 mL
10.0	NH_4Cl 27 g,15 mol/L $NH_3 \cdot H_2O$ 197 mL,稀释至 500 mL
10.5	NH_4Cl 9 g,15 mol/L $NH_3 \cdot H_2O$ 175 mL,稀释至 500 mL
11.0	NH_4Cl 3 g,15 mol/L $NH_3 \cdot H_2O$ 207 mL,稀释至 500 mL
12	0.01 mol/L NaOH 溶液
13	0.1 mol/L NaOH 溶液

附录5 常见离子和化合物的颜色

1.常见离子

序号	物质	颜色	序号	物质	颜色
1	$[Ti(H_2O)_6]^{3+}$	紫色	5	$[Fe(NCS)_n]^{3-n}$	血红色
	$[TiO(H_2O)_2]^{2+}$	橙色		$[Fe(CN)_6]^{4-}$	黄色
	TiO^{2+}	无色		$[Fe(CN)_6]^{3-}$	红棕色
2	$[V(H_2O)_6]^{2+}$	蓝紫色		$[FeCl_6]^{3-}$	黄色
	$[V(H_2O)_6]^{3+}$	绿色		$[Fe(C_2O_4)_3]^{3-}$	黄色
	VO^{2+}	蓝色	6	$[Co(H_2O)_6]^{2+}$	粉红色
	VO_2^+	黄色		$[Co(H_2O)_6]^{3+}$	土黄色
3	$[Cr(H_2O)_6]^{2+}$	蓝紫色		$[Co(NH_3)_6]^{3+}$	红棕色
	$[Cr(H_2O)_6]^{3+}$	天蓝色		$[Co(NCS)_4]^{2-}$	蓝色
	$[Cr(NH_3)_6]^{3+}$	黄色	7	$[Ni(H_2O)_6]^{2+}$	亮绿色
	$[CrCl(H_2O)_5]^{2+}$	蓝绿色		$[Ni(NH_3)_6]^{2+}$	蓝色
	$[CrCl_2(H_2O)_4]^+$	绿色		$[Ni(NH_3)_6]^{3+}$	蓝紫色
	$[Cr(OH)_4]^-$	亮绿色	8	$[Cu(H_2O)_4]^{2+}$	蓝色
	CrO_4^{2-}	黄色		$[Cu(NH_3)_4]^{2+}$	深蓝色
	$Cr_2O_7^{2-}$	橙色		$[Cu(OH)_4]^{2-}$	亮蓝色
4	$[Mn(H_2O)_6]^{2+}$	肉色		$[CuCl_3]^-$	无色
	$[Mn(H_2O)_6]^{2+}$	肉色		$[Cu(NH_3)_2]^+$	无色
	MnO_4^{2-}	绿色		$[CuCl_4]^{2-}$	黄色
	MnO_4^-	紫红色	9	I^{3-}	浅棕黄色
5	$[Fe(H_2O)_6]^{2+}$	浅绿色			
	$[Fe(H_2O)_6]^{3+}$	淡紫色			

2. 化合物

类别	物质	颜色	类别	物质	颜色
氧化物	PbO_2	棕褐色	其他含氧酸盐	$BaSO_3$	白色
	Pb_3O_4	红色		BaS_2O_3	白色
	Pb_2O_3	橙色		$NaBiO_3$	浅黄色
	Sb_2O_3	白色		$Ag_2S_2O_3$	白色
	Bi_2O_3	黄色	硫酸盐	$CaSO_4$	白色
	TiO_2	白色		$SrSO_4$	白色
	V_2O_5	橙或黄色		$BaSO_4$	白色
	VO_2	深蓝色		$PbSO_4$	白色
	V_2O_3	黑色		$Cr_2(SO_4)_3$	桃红色
	VO	黑色		$Cr(SO_4)_3 \cdot 18H_2O$	紫色
	Cr_2O_3	绿色		$Cr(SO_4)_3 \cdot 6H_2O$	绿色
	CrO_3	橙红色		$Fe(NO)SO_4$	深棕色
	MoO_2	紫色		$(NH_4)_2FeSO_4 \cdot 6H_2O$	浅绿色
	WO_2	棕红色		$NH_4Fe(SO_4)_2 \cdot 12H_2O$	浅紫色
	MnO_2	棕色		$CoSO_4 \cdot 7H_2O$	红色
	FeO	黑色		$CuSO_4 \cdot 5H_2O$	蓝色
	Fe_2O_3	棕红色		Ag_2SO_4	白色
	Fe_3O_4	红色		Hg_2SO_4	黄色
	CoO	灰绿色		$HgSO_4 \cdot HgO$	白色
	Co_2O_3	黑色	碳酸盐	$CaCO_3$	白色
	NiO	暗绿色		$Mg_2(OH)_2CO_3$	白色
	N_2O_3	黑色		$SrCO_3$	白色
	CuO	黑色		$BaCO_3$	白色
	Ag_2O	褐色		$Pb_2(OH)_2CO_3$	白色
	CdO	棕黄色		$Bi(OH)CO_3$	白色
	ZnO	白色		$MnCO_3$	白色
	Hg_2O	黑色		$FeCO_3$	白色
	HgO	红或黄色		$CdCO_3$	白色
	Cu_2O	暗红色		$Co_2(OH)_2CO_3$	红色

类别	物质	颜色	类别	物质	颜色
氢氧化物	$Cr(OH)_3$	灰绿色	碳酸盐	$Ni_2(OH)_2CO_3$	浅绿色
	$Mn(OH)_2$	白色		$Cu_2(OH)_2CO_3$	蓝色
	$MnOOH$	棕黑色		$Zn_2(OH)_2CO_3$	白色
	$Fe(OH)_2$	白色		$Cd_2(OH)_2CO_3$	白色
	$Fe(OH)_3$	红棕色		$Hg_2(OH)_2CO_3$	红褐色
	$Co(OH)_2$	粉红色		Ag_2CO_3	白色
	$CoOOH$	褐色		Hg_2CO_3	浅黄色
	$Ni(OH)_2$	绿色	硅酸盐	$Fe_2(SiO_3)_3$	棕红色
	$NiOOH$	黑色		$BaSiO_3$	白色
	$CuOH$	黄色		$CoSiO_3$	紫色
	$Cu(OH)_2$	浅蓝色		$NiSiO_3$	翠绿色
	$Zn(OH)_2$	白色		$CuSiO_3$	蓝色
	$Cd(OH)_2$	白色		$ZnSiO_3$	白色
	$Mg(OH)_2$	白色		Ag_2SiO_3	黄色
	$Al(OH)_3$	白色		Na_2SiO_3	浅黄色
	$Sn(OH)_2$	白色	铬酸盐	$CaCrO_4$	黄色
	$Sn(OH)_4$	白色		$SrCrO_4$	浅黄色
	$Pb(OH)_2$	白色		$BaCrO_4$	黄色
	$Sb(OH)_3$	白色		$PbCrO_4$	黄色
	$Bi(OH)_3$	白色		Ag_2CrO_4	砖红色
	$Sn(OH)Cl$	白色		Hg_2CrO_4	棕色
氯化物	$BiOCl$	白色		$HgCrO_4$	红色
	$SbOCl$	蓝紫色		$CdCrO_4$	黄色
	$TiCl_2 \cdot 6H_2O$	紫或绿色	草酸盐	CaC_2O_4	白色
	$CrCl_3 \cdot 6H_2O$	绿色		BaC_2O_4	白色
	$FeCl_3 \cdot 6H_2O$	棕黄色		PbC_2O_4	白色
	$CoCl_2$	蓝色		FeC_2O_4	浅黄色
	$CoCl_2 \cdot 2H_2O$	紫红色		$Ag_2C_2O_4$	白色
	$CoCl_2 \cdot 6H_2O$	粉红色	拟卤化物	$CuCN$	白色
	$Co(OH)Cl$	蓝色		$Cu(CN)_2$	黄色
	$CuCl$	白色		$Ni(CN)_2$	浅绿色
	$AgCl$	白色		$AgCN$	白色
	Hg_2Cl_2	白色		$AgSCN$	白色
	$HgNH_2Cl$	白色		$Cu(SCN)_2$	黑绿色

类别	物质	颜色	类别	物质	颜色
碘化物	PbI_2	黄色	磷酸盐	$Ca_3(PO_4)_2$	白色
	SbI_3	黄色		$CaHPO_4$	白色
	BiI_3	褐色		$BaHPO_4$	白色
	CuI	白色		$MgNH_4PO_4$	白色
	AgI	黄色		$FePO_4$	浅黄色
	Hg_2I_2	黄绿色		Ag_3PO_4	黄色
	HgI_2	红色	其他化合物	$Mn_2[Fe(CN)_6]$	白色
硫化物	SnS	褐色		$K[Fe(CN)_6]$	深蓝色
	SnS_2	黄色		$Co_2[Fe(CN)_6]$	绿色
	PbS	黑色		$Ni_2[Fe(CN)_6]$	浅绿色
	As_2S_5	黄色		$Zn_2[Fe(CN)_6]$	白色
	As_2S_3	黄色		$Cu_2[Fe(CN)_6]$	棕红色
	Sb_2S_3	橙色		$Ag_4[Fe(CN)_6]$	白色
	Sb_2S_5	橙色		$K_2Ba[Fe(CN)_6]$	白色
	Bi_2S_3	黑色		$Pb_2[Fe(CN)_6]$	白色
	Bi_2S_5	黑褐色		$Cd_2[Fe(CN)_6]$	白色
	MnS	肉色		二丁二酮和镍(Ⅱ)	桃红色
	FeS	黑色		$HgNI$	棕红色
	Fe_2S_3	黑色		$(NH_4)_3PO_4 \cdot 12MoO_3 \cdot 6H_2O$	黄色
	CoS	黑色			
	NiS	黑色	溴化物	$PbBr_2$	白色
	Cu_2S	黑色			
	Ag_2S	黑色			
	ZnS	白色		$AgBr$	淡黄色
	CdS	黄色			
	HgS	红或黑色			

附录6 常用化合物的相对分子质量(M_r)

化合物	M_r	化合物	M_r	化合物	M_r
Ag_3AsO_4	462.52	$AlCl_3 \cdot 6H_2O$	241.43	As_2S_3	246.02
$AgBr$	187.77	$Al(NO_3)_3$	213.00	$BaCO_3$	197.34
$AgCl$	143.32	$Al(NO_3)_3 \cdot 9H_2O$	375.13	BaC_2O_4	225.35
$AgCN$	133.89	Al_2O_3	101.96	$BaCl_2$	208.24
$AgSCN$	165.95	$Al(OH)_3$	78.00	$BaCl_2 \cdot 2H_2O$	244.27
Ag_2CrO_4	331.73	$Al_2(SO_4)_3$	342.14	$BaCrO_4$	253.32
AgI	234.77	$Al_2(SO_4)_3 \cdot 18H_2O$	666.41	BaO	153.33
$AgNO_3$	169.87	As_2O_3	197.84	$Ba(OH)_2$	171.34
$AlCl_3$	133.34	As_2O_5	229.84	$H_2C_2O_4 \cdot 2H_2O$	126.07
$BaSO_4$	233.39	$CuSCN$	121.62	HCl	36.461
$BiCl_3$	315.34	CuI	190.45	HF	20.006
$BiOCl$	260.43	$Cu(NO_3)_2$	187.56	HI	127.91
CaO	56.08	$Cu(NO_3)_2 \cdot 3H_2O$	241.60	HIO_3	175.91
$CaCO_3$	100.09	CuO	79.545	HNO_3	63.013
CaC_2O_4	128.10	Cu_2O	143.09	HNO_2	47.013
$CaCl_2$	110.99	CuS	95.61	H_2O	18.015
$CaCl_2 \cdot 6H_2O$	219.08	$CuSO_4$	159.60	H_2O_2	34.015
$Ca(NO_3)_2 \cdot 4H_2O$	236.15	$CuSO_4 \cdot 5H_2O$	249.68	H_3PO_4	97.995
$Ca_3(PO_4)_2$	310.18	$FeCl_2$	126.75	H_2SO_3	82.07
$CaSO_4$	136.14	$FeCl_2 \cdot 4H_2O$	198.81	H_2SO_4	98.07
$CdCO_3$	172.42	$FeCl_3$	162.21	$Hg(CN)_2$	252.63
$CdCl_2$	183.82	$FeCl_3 \cdot 6H_2O$	270.30	$HgCl_2$	271.50
CdS	144.47	$FeNH_4(SO_4)_2 \cdot 12H_2O$	482.18	Hg_2Cl_2	472.09

化合物	M_r	化合物	M_r	化合物	M_r
$Ce(SO_4)_2$	332.24	$Fe(NO_3)_3$	241.86	HgI_2	454.40
CH_3COOH	60.052	$Fe(NO_3)_3 \cdot 9H_2O$	404.00	$Hg_2(NO_3)_2$	525.19
CO_2	44.01	FeO	71.846	$Hg_2(NO_3)_2 \cdot 2H_2O$	561.22
$CoCl_2$	129.84	Fe_2O_3	159.69	$Hg(NO_3)_2$	324.60
$CoCl_2 \cdot 6H_2O$	237.93	Fe_3O_4	231.54	HgO	216.59
$Co(NO_3)_2$	182.94	$Fe(OH)_3$	106.87	HgS	232.65
$Co(NO_3)_2 \cdot 6H_2O$	291.03	FeS	87.91	$HgSO_4$	296.65
CoS	90.99	Fe_2S_3	207.87	Hg_2SO_4	497.24
$CoSO_4$	154.99	$FeSO_4$	151.90	$KAl(SO_4)_2 \cdot 12H_2O$	474.38
$CoSO_4 \cdot 7H_2O$	281.10	$FeSO_4 \cdot 7H_2O$	278.01	KBr	119.00
$CrCl_3$	158.35	$Fe(NH_4)_2(SO_4)_2 \cdot 6H_2O$	392.125	KCl	74.551
$CrCl_3 \cdot 6H_2O$	266.45	H_3AsO_3	125.94	$KClO_3$	122.55
$Cr(NO_3)_3$	238.01	H_3ASO_4	141.94	$KClO_4$	138.55
Cr_2O_3	151.99	H_3BO_3	61.88	KCN	65.116
$CuCl$	98.999	HBr	80.912	$KSCN$	97.18
$CuCl_2$	134.45	HCN	27.026	K_2CO_3	138.21
$CuCl_2 \cdot 2H_2O$	170.48	$HCOOH$	46.026	K_2CrO_4	194.19
$K_2Cr_2O_7$	294.18	H_2CO_3	62.025	$NaNO_2$	68.995
$K_3Fe(CN)_6$	329.25	$H_2C_2O_4$	90.035	$NaNO_3$	84.995
$K_4Fe(CN)_6$	368.35	MnS	87.00	Na_2O	61.979
$KFe(SO_4)_2 \cdot 12H_2O$	503.24	$MnSO_4$	151.00	Na_2O_2	77.978
$KHC_2O_4 \cdot H_2O$	146.14	$MnSO_4 \cdot 4H_2O$	223.06	$NaOH$	39.997
$KHC_2O_4 \cdot H_2C_2O_4 \cdot 2H_2O$	254.19	NO	30.006	Na_3PO_4	163.94
$KHC_4H_4O_6$（酒石酸氢钾）	188.18	NO_2	46.066	Na_2S	78.04
$KHC_8H_4O_4$（苯二甲酸氢钾）	204.22	NH_3	17.03	$Na_2S \cdot 9H_2O$	240.18
$KHSO_4$	136.16	CH_3COONH_4	77.083	Na_2SO_3	126.04
KI	166.00	NH_4Cl	53.491	Na_2SO_4	142.04
KIO_3	214.00	$(NH_4)_2CO_3$	96.086	$Na_2S_2O_3$	158.10
$KIO_3 \cdot HIO_3$	389.91	$(NH_4)_2C_2O_4$	124.10	$Na_2S_2O_3 \cdot 5H_2O$	248.17
$KMnO_4$	158.03	NH_4SCN	76.12	$NiCl_2 \cdot 6H_2O$	237.69
$KNaC_4H_4O_6 \cdot 4H_2O$	282.22	NH_4HCO_3	79.055	NiO	74.69
KNO_3	101.10	$(NH_4)_2MoO_4$	196.01	$Ni(NO_3)_2 \cdot 6H_2O$	290.79

化合物	M_r	化合物	M_r	化合物	M_r
KNO_2	85.104	NH_4NO_3	80.043	NiS	90.75
K_2O	94.196	$(NH_4)_2HPO_4$	132.06	$NiSO_4 \cdot 7H_2O$	280.85
KOH	56.106	$(NH_4)_2S$	68.14	P_2O_5	141.94
K_2SO_4	172.25	$(NH_4)_2SO_4$	132.13	$PbCO_3$	267.20
$MgCO_3$	84.314	NH_4VO_3	116.98	PbC_2O_4	295.22
$MgCl_2$	95.211	Na_3AsO_3	191.89	$PbCl_2$	278.10
$MgCl_2 \cdot 6H_2O$	203.30	$Na_2B_4O_7 \cdot 10H_2O$ （硼砂）	381.37	$PbCrO_4$	323.20
MgC_2O_4	112.33	$NaBiO_3$	279.97	$Pb(CH_3COO)_2$	325.30
$Mg(NO_3)_2 \cdot 6H_2O$	256.41	$NaCN$	49.007	$Pb(CH_3COO)_2 \cdot 3H_2O$	379.30
$MgNH_4PO_4$	137.32	$NaSCN$	81.07	PbI_2	461.00
MgO	40.304	Na_2CO_3	105.99	$Pb(NO_3)_2$	331.20
$Mg(OH)_2$	58.32	$Na_2C_2O_4$	134.00	PbO	223.20
$Mg_2P_2O_7$	222.55	CH_3COONa	82.034	PbO_2	239.20
$MgSO_4 \cdot 7H_2O$	246.47	$CH_3COONa \cdot 3H_2O$	136.08	$Pb_3(PO_4)_2$	811.54
$MnCO_3$	114.95	$NaCl$	58.443	PbS	239.30
$MnCl_2 \cdot 4H_2O$	197.91	$NaClO$	74.442	$PbSO_4$	303.30
$Mn(NO_3)_2 \cdot 6H_2O$	287.04	$NaHCO_3$	84.007	SO_3	80.06
MnO	70.937	$Na_2HPO_4 \cdot 12H_2O$	358.14	$UO_2(CH_3COO)_2 \cdot 2H_2O$	424.15
MnO_2	86.937	$SnCl_4 \cdot 5H_2O$	350.58	ZnC_2O_4	153.40
SO_2	64.06	SnO_2	150.69	$ZnCl_2$	136.29
$SbCl_3$	228.11	SnS_2	150.75	$Zn(CH_3COO)_2$	183.47
$SbCl_5$	299.02	$SrCO_3$	147.63	$Zn(CH_3COO)_2 \cdot 2H_2O$	219.50
Sb_2O_3	291.50	SrC_2O_4	175.64	$Zn(NO_3)_2$	189.39
Sb_2S_3	339.68	$SrCrO_4$	203.61	$Zn(NO_3)_2 \cdot 6H_2O$	297.48
SiF_4	104.08	$Sr(NO_3)_2$	211.63	ZnO	81.38
SiO_2	60.084	$Sr(NO_3)_2 \cdot 4H_2O$	283.69	ZnS	97.44
$SnCl_2$	189.60	$SrSO_4$	183.69	$ZnSO_4 \cdot 7H_2O$	287.54
$SnCl_4$	260.50	$ZnCO_3$	125.39		

附录7 常用化学网站

1. 化学组织与机构

（1）国际纯粹与应用化学联合会 IUPAC : http://www.iupac.org

（2）国际科技数据委员会: http://www.codata.org

（3）中国科学院: http://www.cas.ac.cn/

（4）中国工程院: http://www.cae.cn/

（5）中国化学会: http://www.ccs.ac.cn/

（6）中国科学院上海有机所: http://www.sioc.ac.cn/

（7）中华人民共和国国家知识产权局：http://www.sipo.gov.cn/zljs/

（8）台湾科技信息中心 STIC : http://www.stic.gov.tw/

（9）美国化学会: http://www.acs.org

（10）英国皇家化学会 Royal Society of Chemistry（RSC）：http://www.rsc.org

（11）美国国家标准与技术研究所 NIST : http://www.nist.gov

（12）美国工程信息公司(Engineering Information Inc.) : http://www.ei.org/

（13）美国国家科学基金会(National Science Fundation): http://www.nsf.gov

（14）美国科学促进会(American Association for the Advancement of Science) : http://www.aaas.org

（15）美国专利和商标局(United States Patent and trademark office) : http://www.uspto.gov

2. 提供化学类资源的网站

（1）查询物质结构性质等的网站:

① http://chemexper.com/

② http://chem.sis.nlm.nih.gov/chemidplus/chemidlite.jsp

③ http://sp.chemindex.com/cn/psearch.cgi?terms=662-66-9+&sel=dict

（2）化工资源网: http://www.jm126.com/fj/

（3）免费图谱网站: www.aist.go.jp/RIODB/SDBS/menu-e.html

（4）CAS 和性质等查询: http://sis.nlm.nih.gov/Chem/ChemMain.html

（5）中国科学院化学数据库及其信息系统：http.//www.cne ac.cn/sdb.indexs.html

（6）中国科学院化学研究所图书馆：http://lib.iccas.ac.cn/dzzl.asp

（7）中国科学院文献情报中心：http://www.las.ac.cn/

（8）中国科学文献服务系统：http://sciencechina.cn/

（9）万方数据库：http://www.wanfangdata.com.cn/

（10）Web of Science：http://scientific.thomson.com/mjl

（11）*Elsevier Science*：http://www.elsevier.com/homepage/browse.htt?prod=J&key=SSAA

（12）John Wiley & Sons：http://www.wiley.com；http://www.interscience.wiley.com/

（13）http://www.journals.cup.org/：Cambridge University Press

（14）*Nature*：http://www.nature.com

（15）*Science*：http://www.sciencemag.org

（16）SCI：http：//www.isiknowledge.com

（17）中国期刊：http://www.chinajournal.net.cn

（18）Journal Search：http://www.journalsearch.com/

（19）The Internet Journal of Chemistry：http://www.ijc.com

（20）中国化学品安全网：http://www.nrcc.corn.cn

（21）中国知识产权网：http://www.cnipr.com

（22）化学品数据库：http://www.chemblink.com

（23）中国化工网：http://china. Chemnet. Com

3. 化学新闻及会议信息

（1）化学学科信息门户CHIN：http://chin.csdl.ac.cn/

（2）国际纯粹和应用化学联合会的会议信息：http://www.iupac.org/

（3）美国化学会的新闻页：http://www.chemistry.org/portal/a/c/s/1/acsdisplay.html?DOC=chemistrynews.html

（4）英国皇家化学会的新闻页：ChemBytes：http://www.chemsoc.org/chembytes/home.htm

4. 化学论坛

（1）化学化工论坛：http://www.chembbs.corn.cn/

（2）丁香园 http://www.dxy.cn/bbs

（3）诺贝尔学术资源网 http://bbs.ok6ok.com/?u=46218

（4）子午学术论坛 http://bbs.ok6ok.com/?u=46218

（5）博研联盟 http://www.bylm.net/forum/?u=23467

（6）鸭绿江医药论坛 http://forum.e2002.com/?u=160621

（7）小木虫论坛 http://emuch.net/bbs/index.php

（8）化学家：http://www.emuch.net/

（9）化学吧：http://chem8.org/

（10）万客化工资料论坛：http://bbs.wcoat.com/

参考文献

1. 刘振海，山立子.分析化学手册.北京：化学工业出版社，1999.

2. 武汉大学化学与分子科学学院实验中心.分析化学实验.武汉：武汉大学出版社，2013.

3. 南京大学《无机及分析化学实验》编写组.无机及分析化学实验.北京：高等教育出版社，2006.

4. 杨梅.分析化学实验.上海：华东理工大学出版社，2005.

5. 龚凡.分析化学实验.哈尔滨：哈尔滨工程大学出版社，2000.

6. 曾昭琼.有机化学实验.北京：高等教育出版社，2006.

7. 武汉大学化学与分子科学院实验中心.有机化学实验.武汉：武汉大学出版社，2004.

8. 傅春玲.有机化学实验.杭州：浙江大学出版社，2006.

9. 刘湘.有机化学实验.北京：化学工业出版社，2007.

10. 北京师范大学无机化学教研室.无机化学实验.北京：高等教育出版社，2001.

11. 赵健庄.有机化学实验.北京：高等教育出版社，2007.

12. 郭伟强.大学化学基础实验.北京：科学出版社，2010.

13. 刘金泉.化学实验技能.北京：化学工业出版社，2010.

14. 弓巧娟.化学技能训练.北京：中国石化出版社，2012.

15. 金玉莲.化学实验技能训练与测试.北京：中国环境科学出版社，2011.

16. 李梦龙.化学软件及其应用.北京：化学工业出版社，2004.

17. 魏培海.仪器分析.北京：高等教育出版社，2007.

18. 师永清.药物合成实验.兰州：兰州大学出版社，2012.

19. 廖传华.超临界CO_2流体萃取技术——工艺开发及其应用.北京：化学工业出版社，2004.